U0134368

2022人工智能合作与治理国际论坛实录

AI治理大家谈

韧性治理与未来科技

清华大学人工智能国际治理研究院 _ 编

人民邮电出版社

北 京

图书在版编目（ＣＩＰ）数据

AI治理大家谈 ： 韧性治理与未来科技 / 清华大学人
工智能国际治理研究院编. -- 北京 ： 人民邮电出版社，
2024.2
ISBN 978-7-115-63121-3

Ⅰ．①A⋯ Ⅱ．①清⋯ Ⅲ．①人工智能－管理 Ⅳ．
①TP18

中国国家版本馆CIP数据核字(2023)第229093号

内 容 提 要

本书内容来自第三届人工智能合作与治理国际论坛，探讨适合人工智能健康发展的治理
体系，分享各个国家、地区，以及政、产、学、研各界在人工智能治理方面的最佳实践，帮
助读者更好地理解和参与人工智能治理的进程。

本书根据 3 个主论坛和 5 个专题论坛的内容，共分为 42 讲，涵盖如下主题：人工智能
引领韧性治理与未来科技、人工智能治理技术、元宇宙助力高质量发展与可持续未来、人工
智能产业发展与治理、人工智能及其对未来工作的影响、正视人工智能引发的性别歧视、人
工智能伦理标准、人工智能助力发展中国家。

本书适合人工智能研究者、政策制定者、企业和组织领导者，以及对人工智能治理感兴
趣的公众阅读。

◆ 编 清华大学人工智能国际治理研究院
　　责任编辑 胡俊英
　　责任印制 王 郁 焦志炜

◆ 人民邮电出版社出版发行 北京市丰台区成寿寺路 11 号
　　邮编 100164 电子邮件 315@ptpress.com.cn
　　网址 https://www.ptpress.com.cn
　　北京宝隆世纪印刷有限公司印刷

◆ 开本：720×960 1/16
　　印张：12.5 2024 年 2 月第 1 版
　　字数：216 千字 2024 年 2 月北京第 1 次印刷

定价：79.80 元

读者服务热线：(010)81055410 印装质量热线：(010)81055316
反盗版热线：(010)81055315
广告经营许可证：京东市监广登字 20170147 号

编委会

序言

如何实现人工智能在创新和治理这两个层面的协调推进一直是各国政府和国际机构所面临的共同挑战。通过不断地探索和尝试，我国经历了从探索式治理、回应式治理、集中式治理到敏捷式治理的范式变革，走出了中国新一代人工智能适应性治理的道路。

敏捷式治理的核心是以创新和治理的协调发展为导向，由政府主导，多元参与、协同互动，用"助推"（nudge）等创新性工具和手段帮助企业及时调整发展方向，保持人工智能技术的健康发展。目前，各国的人工智能政策呈现相互借鉴、彼此融合的趋势，政策借鉴与创新扩散的广度、深度及强度不断提高。

在第三届人工智能合作与治理国际论坛上，中外学者就人工智能韧性治理这一议题进行了深入的探讨，达成了基本的国际共识。这不仅对以生成式人工智能为代表的通用人工智能的治理具有长远指导意义，也为人工智能国际治理提供了中国范式，为推动包容、平衡的人工智能国际治理体系的形成做出了贡献。

本书对第三届人工智能合作与治理国际论坛的成果进行了整理与完善，让读者能够一览众多专家学者对于人工智能发展与治理的实践与洞见。希望本书能助力人工智能韧性发展，让科技更好地服务人类社会。

薛澜

国家新一代人工智能治理专业委员会主任

清华大学文科资深教授、苏世民书院院长、人工智能国际治理研究院院长

人工智能（Artificial Intelligence，AI）作为 21 世纪极具前景和迅猛发展的领域之一，已经成为影响国家发展、全球治理和人类命运的重要力量。然而，人工智能技术的快速迭代，尤其是以 ChatGPT 为代表的人工智能大模型的爆发式成长，引发了一系列严峻的伦理问题和挑战。面对人工智能带来的复杂且重要的新兴议题，我们迫切需要一个开放、包容和合作的国际化平台来共同探讨和研究应对。正是基于这样的需求，清华大学人工智能国际治理研究院于 2020 年发起并召开第一届人工智能合作与治理国际论坛，截至 2022 年已成功举办三届。该论坛旨在围绕人工智能治理进行深入的国际交流、形成共识，确保人工智能的发展遵守道德准则、符合人类利益。

本书精选了 2022 年人工智能合作与治理国际论坛上来自世界各地的政、产、学、研各界专家的演讲，希望通过这些精彩演讲内容，帮助读者深入而全面地了解全球人工智能治理领域的前沿研究成果与未来发展方向。本书内容涵盖人工智能治理领域的众多议题，涉及人工智能伦理、隐私保护、数据安全、人工智能与就业、人工智能在医疗和教育领域的应用、人工智能助力发展中国家等多个方面。

本书内容不仅反映了各国在人工智能合作与治理方面的最新研究成果和思考，同时也呈现了多元文化、多元视角的碰撞与交流。通过阅读本书，读者可以获得不同角度的洞见，更好地理解和应对人工智能带来的各种挑战。论坛交流的形式不仅仅分享了学术界的前瞻性成果，更提出了与实际应用密切相关的问题和思考。我们希望通过本书为学术研究者、政策制定者、企业家等社会各界提供一份有益的参考，并鼓励更多人投身到人工智能合作与治理的研究和实践中。

最后，衷心感谢所有支持人工智能合作与治理国际论坛的专家们。他们卓越的贡献不仅扩展了我们对人工智能合作与治理的认知，也为我们提供了一种思考的框架和解决问题的思路。希望本书能够引发读者对全球人工智能治理的新思考，引领人工智能合作与治理的新征程。

资源与支持

资源获取

本书提供如下资源：

- 本书思维导图；
- 异步社区 7 天 VIP 会员。

要获得以上资源，您可以扫描下方二维码，根据指引领取。

提交勘误

作者和编辑尽最大努力来确保书中内容的准确性，但难免会存在疏漏。欢迎您将发现的问题反馈给我们，帮助我们提升图书的质量。

当您发现错误时，请登录异步社区（https://www.epubit.com），按书名搜索，进入本书页面，单击"发表勘误"，输入勘误信息，然后单击"提交勘误"按钮即可（见下图）。本书的作者和编辑会对您提交的勘误信息进行审核，确认并接受后，您将获赠异步社区的 100 积分。积分可用于在异步社区兑换优惠券、样书或奖品。

图书勘误		发表勘误
页码： 1	页内位置（行数）： 1	勘误印次： 1
图书类型： ◉ 纸书 电子书		

添加勘误图片（最多可上传4张图片）

+

提交勘误

与我们联系

我们的联系邮箱是 contact@epubit.com.cn。

如果您对本书有任何疑问或建议,请您发邮件给我们,并请在邮件标题中注明本书书名,以便我们更高效地做出反馈。

如果您有兴趣出版图书、录制教学视频,或者参与图书翻译、技术审校等工作,可以发邮件给我们。

如果您所在的学校、培训机构或企业想批量购买本书或异步社区出版的其他图书,也可以发邮件给我们。

如果您在网上发现有针对异步社区出品图书的各种形式的盗版行为,包括对图书全部或部分内容的非授权传播,请您将怀疑有侵权行为的链接发邮件给我们。您的这一举动是对作者权益的保护,也是我们持续为您提供有价值的内容的动力之源。

关于异步社区和异步图书

"异步社区"(www.epubit.com)是由人民邮电出版社创办的 IT 专业图书社区,于 2015 年 8 月上线运营,致力于优质内容的出版和分享,为读者提供高品质的学习内容,为作译者提供专业的出版服务,实现作者与读者的在线交流互动,以及传统出版与数字出版的融合发展。

"异步图书"是异步社区策划出版的精品 IT 图书的品牌,依托于人民邮电出版社在计算机图书领域 30 余年的发展与积淀。异步图书面向 IT 行业以及各行业使用 IT 的用户。

目录

专题论坛　1　人工智能产业发展与治理

专题论坛　2　人工智能及其对未来工作的影响

主论坛 I

人工智能引领
韧性治理
与未来科技

第 1 讲

人工智能的潜能、挑战与治理

徐浩良
联合国助理秘书长、联合国开发计划署政策与方案支助局局长

一、人工智能具有无限的潜能，但同时也带来了巨大的挑战

人工智能具有巨大的潜力。它不仅可以帮助推动可持续发展目标（Sustainable Development Goal，简称 SDG，图 1-1 展示了联合国制定的 17 个 SDG）的实现，还可以在这一过程中不断增强恢复力。比如，人工智能在灾害预防、气候适应和社会恢复力方面发挥着重要作用。地理空间卫星数据可以帮助识别和预防即将发生的灾害，并帮助绘制损害地图。联合国开发计划署（United Nations Development Programme，UNDP）的减少灾害风险前沿技术雷达已经确定了 50 多个人工智能解决方案，它们主要在"全球南方"[1] 开发，用于降低灾害风险。同时，联合国也在实施促进信息完整性的人工智能解决方案。这对于社会恢复力也是至关重要的。比如，联合国开发计划署开发了"iVerify"，这是一个开源的自动事实核查工具，可以用于识别虚假信息，并防止和减轻其传播。"iVerify"现已被列为数字公共产品，并已在赞比亚、肯尼亚、洪都拉斯部署，以应对选举期间的虚假信息。

我们正在见证人工智能如何大规模地改变社会行为，并通过在关键时刻实施数据驱动的决策来赋能于人。同时，我们也迫切需要解决人工智能带来的潜在风险和危害。比如，以不透明的方式收集和分析数据可能导致歧视性的结果。这方面的例子包括预测性警务和自动化司法决策。在某些情况下，这些决策似乎对包

---

1 "全球南方"源自"南方国家"，是新兴市场国家和发展中国家的集合体。

括妇女在内的少数群体、边缘化群体存在偏见。人工智能驱动的系统也可能会破坏隐私权和基本自由。在私人和公共空间，人工智能驱动的去匿名化工具可能被用于跨设备披露私人数据并跟踪他人。

图 1-1 联合国制定的 17 个可持续发展目标

政府在监管人工智能在部分领域的应用上已经做出了行动，但是在减轻人工智能的风险和危害方面仍需努力。基于对数字技术局限性的认识，联合国开发计划署的数字战略提出了一个大胆的愿景，这个愿景以数字赋能于人类和地球为目标。

二、安全、负责任和包容的人工智能治理方式

我们的观察以及与各国政府的互动强调了对数据和人工智能使用的治理和道德指导的迫切需要。联合国开发计划署推动并倡导安全、负责任和包容的人工智能治理。

首先，联合国开发计划署对数据的可用性、质量、透明度和问责制采取以人为本、基于权利的方法，以此作为有道德地部署人工智能的先决条件。在联合国教科文组织的领导下，联合国人工智能情报工作组就人工智能的伦理原则提出了指导意见，其中包括遵守国际法、人权法，尊重隐私权、公平、非歧视权，以及数字责任。这意味着人们有权不受制于只根据自动程序所做的决策。

其次，联合国开发计划署有意采用包容性的方式，把政府、企业、公民社会、学术界和人民群众聚集在一起。这对于解决目前的数字鸿沟至关重要，目前

仍有约 27 亿人无法上网，其中 90% ~ 95% 的人生活在发展中国家。联合国开发计划署正在制定人工智能准备情况评估，以帮助各国政府通过包括边缘化群体在内的多方利益相关者的参与来了解人工智能采用的现状。

最后，联合国开发计划署致力于支持能力建设，包括提高公众对人工智能技术、治理和数据价值的认识和理解。为了解决这一关键问题，联合国开发计划署和国际电信联盟（International Telecommunication Union，ITU）启动了一个联合基金，为那些在现有努力下服务不到的人提供数字能力发展。我们目前还在支持摩尔多瓦、塞内加尔、毛里塔尼亚和肯尼亚等国制定数据治理框架，以帮助这些国家在政策制定中负责任和包容地使用数据。此外，我们目前正在为数字身份系统开发一个示范性治理框架，该框架将是开源的，并方便各国政府采用。这种能力建设工作和工具将确保输入人工智能系统的数据按照国际标准，以道德、透明和负责任的方式进行管理。虽然这些努力旨在支持政府和人民以积极的方式利用人工智能的力量，但仍然需要更广泛的参与。

随着这一领域的快速发展，我们必须不断地问自己一些关键问题，例如：邀请谁来设计和实施负责任地使用数字技术的全球规范和标准？如何做出决策？为谁做出决策？目的又是什么？

我们需要共同努力，以共同建设一个惠及所有人、所有地方的数字未来。

第2讲

人工智能在韧性发展和韧性治理中的重要应用

龚克

世界工程组织联合会前主席、中国新一代人工智能发展战略研究院执行院长

一、韧性是可持续发展的重要要求和愿景

韧性（resilience）是可持续发展中的重要要求和愿景。韧性的概念于 2002 年首次被引入城市治理领域。

1. 韧性发展在联合国可持续发展议程中受到重视

在 2015 年联合国大会第七十届会议上通过的《变革我们的世界：2030 年可持续发展议程》中，"恢复力"（resilient）一词被置于显著的位置，出现在议程的总要求和愿景当中。《变革我们的世界：2030 年可持续发展议程》特别强调建立高质量、复原能力强的基础设施。多个可持续发展目标都与韧性发展密切相关。比如，SDG 的目标 9 要求"建造具备抵御灾害能力的基础设施，促进具有包容性的可持续工业化，推动创新"，这项要求指出了"恢复力"非常重要的含义之一——抵御灾害。又如，SDG 的目标 11 再次强调"建设包容、安全、有抵御灾害能力和可持续的城市和人类住区"。还有，SDG 的目标 2"消除饥饿，实现粮食安全，改善营养状况和促进可持续农业"也要求执行具有抗灾能力的农作方法。

由此可见，《变革我们的世界：2030 年可持续发展议程》中贯穿着对韧性发展的要求。韧性发展已经成为一个重要的发展思路，即正视脆弱性。通过正视困难、风险、冲击、变化，并以适应力、恢复力应对之，使系统损失减少到可承受

的程度，使运行不失稳，发展不逆转。

2. 韧性发展在中国受到认可并被重视

韧性发展的理念正逐步在中国受到认可并被重视。在 2022 年的 G20 峰会上，中国强调要推动更加包容的全球发展，推动更加普惠的全球发展，推动更有韧性的全球发展。2022 年，习近平总书记在党的二十大报告中强调："要坚持人民城市人民建、人民城市为人民，提高城市规划、建设、治理水平，加快转变超大特大城市发展方式。实施城市更新行动，加强新型基础设施建设，打造宜居、韧性、智慧城市。"

二、助力韧性发展是 AI 的重要应用领域

AI 是可持续发展的使能器，助力韧性发展也是 AI 非常重要的应用领域。在基础设施方面，具有韧性的基础设施是韧性城市的基础，AI 在提高基础设施韧性方面可以发挥积极的作用。

1. AI 助力韧性发展的案例

AI 能够通过结合准确的数据和专业知识来助力韧性发展。AI 可以快速、精准地帮助人们发现地下送水管网的泄漏，以实施快速修复。在深圳地区的实验中，AI 基于过往的泄漏记录和传感器历史数据，构建了一个具有高适应力的算法，有效缩小了管网泄漏的排查范围，缩短了排查天数，并且把排查精确度从 50% 提升到了 70% ~ 80%。AI 还可以预测城市用水需求，帮助实现适时适量地供水。机器学习算法可以利用已有的气象、土壤数据，预测城市植被的需水量，制定合适的灌溉策略。例如，在深圳的公园，AI 预测得到四季需水量，为公园提供了更加适配的水资源供给。此外，AI 还可以及早、准确地预报特定灾害，帮助实现灾害预防和减损。例如，通过将深度学习的算法与物理知识相结合，AI 实现了对天津于桥水库以及深圳湾的赤潮爆发预警。

2. 数据是 AI 助力韧性发展的基础

由以上实际案例可见，AI 助力韧性发展的作用毋庸置疑。其中，数据是 AI 发挥作用的重要基础，及时、准确、全面的数据对 AI 助力韧性发展至关重要。因此，物联网的发展、多元数据的融合、数据的无偏化处理、数据与专业相关知识（如物理知识）的结合，可以降低算法对数据规模、质量的依赖性，是 AI 助

力韧性发展的重要技术需求和趋势。

三、AI 应用于韧性治理要依法和适度

近年来，对应于风险情景下的城市（社区）脆弱性与科层刚性治理的局限性，韧性治理成为"韧性城市""韧性社区"建设的核心策略。许多从不同角度研究韧性治理的学者，都强调治理的韧性表现在多元参与、综合协同、资源整合、技术赋能等几个重要方面。就技术赋能而言，人工智能与韧性治理的关系，包括人工智能作为治理工具和人工智能作为治理对象两个方面，已统一于人工智能在韧性治理中得到负责任的、符合伦理的、依法和适度的应用。

作为第一个全球性的规范框架，联合国教科文组织推出的《人工智能伦理问题建议书》强调了四项核心价值观：第一，尊重、保护和促进人权和基本自由以及人的尊严；第二，环境和生态系统蓬勃发展；第三，确保多样性和包容性；第四，生活在和平、公正与互联的社会中。在此之上，《人工智能伦理问题建议书》又提出了十项原则。对于将 AI 作为一个治理工具的应用，其中两项特别重要：第一，相称性和不损害原则；第二，人类的监督和决定原则。

清华大学公共管理学院的梁正教授提出的"技术双赋 - 韧力释放"框架指出，韧性治理通过对 AI 的赋能和赋权来实现。若要实现 AI 赋能韧性治理，则需要增强 AI 的透明性、可解释性、可靠性、鲁棒性，使 AI 能抗干扰、抗攻击，成为有韧性的 AI。AI 赋权则必须依法，防止技术异化为权力。AI 系统需要能针对具体应用主体和场景，识别法律赋予它的权力边界，并在任何情况下，保证包容、公平无歧视，保证不伤害，保证人类的监督和决定权。

四、总结

首先，AI 韧性是可持续发展的重要要求和愿景，需要将实现韧性发展贯穿于可持续发展的各个方面，这是治理理念的重要提升。其次，助力韧性发展是 AI 的重要应用领域，AI 作为可持续发展的使能器，也会推动 AI 的韧性发展。最后，AI 用于韧性治理一定要依法、适度，贯彻伦理原则，坚持以人为目的，以目的为中心，而不是以工具为中心，要避免技术异化。

第3讲

人工智能赋能科学发现

张宏江

美国国家工程院外籍院士、北京智源人工智能研究院理事长

科学是建立在物理观上的。物理学家、诺贝尔奖获得者费曼说："从生物是由遵循物理定律的原子构成的这一观点来看，生物的行为没有一件是不能被理解的。"换言之，一旦了解了原则性的物理法则，我们就可以了解整个世界。同样，物理学家狄拉克在 1929 年总结道，有了物理的原理和对它们的数学描述，整个物理和化学就是完全可解的。但是，正如狄拉克自己曾经指出的一样，如果只是从底层的原理进行计算和模拟，那么我们很快就会遇到"维度灾难"。也就是说，在一些具体问题的求解中，随着计算位数的增加，计算的代价会呈指数增长，从而使我们无法得解。

在科研工作中，海量数据十分常见。处理它们时常常会发生"维度灾难"，这也严重地制约了人类科学的进步与发展。换言之，我们如今有了物理的原理公式作为打开科学大门的钥匙，但是我们没有力气把门打开。

这一讲将介绍人工智能如何在科研发现中赋能于科学家，使他们能够解决以前无法解决的问题。此外，还将呈现"AI 赋能科学"（AI for science）的最新发展，并聚焦于 AI 对药物设计领域的赋能。

一、科学发现的新范式：AI 驱动

AI 能够如何帮助科学研究进入新的范式？为了回答这个问题，我们可以回顾一下 3000 多年来的科学发展史。如图 3-1 所示，图灵奖获得者吉姆·格雷（Jim Grey）在大约 20 年前总结了科学研究的四大范式：经验观察、理论模型、计算模拟、数据驱动。

科学范式

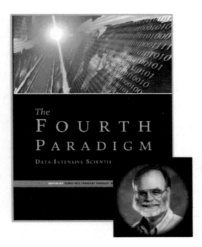

深度学习模型 = 数据 + 算力 + 算法

吉姆·格雷（Jim Grey）总结的科学研究四大范式

- 第一大范式：经验观察
  几千年前，科学是经验性的，描述自然现象

- 第二大范式：理论模型
  过去几百年，科学研究出现理论分支，使用模型和归纳

- 第三大范式：计算模拟
  过去几十年，科学研究出现计算分支，模拟复杂的现象

- 第四大范式：数据驱动
  现在，通过数据探索进行科学研究，理论、实验和模拟相统一
  ☆ 数据由仪器捕获或由模拟器生成
  ☆ 通过软件处理数据
  ☆ 信息和知识存储在计算机中
  ☆ 科学家使用数据管理和统计学分析数据库、文件

$$F=G\frac{m_1 m_2}{r^2}$$

- 第五大范式：AI驱动
  ☆ 构建直接从模拟器中学习到的模型
  ☆ 涉及数据、模型、算法、算力

图 3-1　科学研究的范式

　　科学研究的第一大范式是经验观察。自几千年前人类初次探索科学以来，我们都是通过观察和实验来描述自然现象的。比如，日心说就是通过对天象的观察来描述整个宇宙的。科学研究的第二大范式是理论模型。15、16 世纪左右，理论模型这一新的范式开始出现。牛顿三大定律和麦克斯韦方程是这一范式的代表。这一范式依据观察到的现象总结出理论，进而以理论指导新的科学研究。科学研究的第三大范式是计算模拟。这是五六十年前开始，尤其在大型计算机出现之后盛行的科学研究范式。随着科学的发展，我们遇见了更复杂的问题，比如天气预报、地震模拟。由于这类问题过于复杂，人们无法用简单的物理公式或方程构建完整的模拟系统，于是计算模拟的方式被引入科学研究。科学研究的第四大范式是数据驱动。大约 20 年前，我们进入了大数据时代。前三大科学研究范式积累下的大量数据驱动了物理模型的开发。深度学习的成功就是数据驱动的极佳例子。

　　以设计飞机为例，莱特兄弟通过反复地实验和纠错发明了飞机，这主要是对第一大科学研究范式的使用。然而，近几十年，飞机设计采取的主要是第三和第四大科学研究范式，即通过计算模拟和数据驱动进行设计。人们首先依赖于空气动力学的原理设计模型，然后将其投入风洞试验，最后依据风洞试验中收集的大量数据来改善模型和设计。

如今，我们进入了人工智能时代，也进入了相应的新科研范式——AI 驱动（AI-powered）的科学研究范式。这一范式用深度学习的算法直接从已有的模型和数据中建立起新的模型——深度学习模型。它背后的核心是数据、模型、算法和算力。

AI 可以帮助解决"维度灾难"问题。AI 的所有算法都可以抽象为一个公式，还可以构建一个模型，从数据中学习规律并自我迭代，而由 AI 所有算法抽象出的公式本身是由经验观察、理论模型、计算模拟三大科学研究范式总结出的第一性原理（如牛顿三大定律、麦克斯韦方程）确定的。所以，AI 驱动的科学研究能够将人类已知的信息和 AI 模型相结合，通过大量实验数据提取出有用的信息，利用强化学习进行自我迭代，并不断完善模型。它能够利用深度学习模型的高维学习能力，使原本高度复杂、高维度、海量数据的模拟问题得到有效解决。总之，AI 驱动的科学发现能够根据第一性原理，结合数据模型，通过神经网络来进行学习，从而得出最终结果。

AI 驱动科学研究的关键是神经网络的设计，即如何把以前的理论、模型和大量数据导入深度学习模型。比如，如果要在科研中利用 AI 生成模型来生成分子结构，那么核心问题就在于如何用图形神经网络来表征分子结构。

二、AI 驱动的科学发现

人类在走过前四大科学研究范式的同时，计算的复杂度也在成倍地增长。今天，只用传统的模拟方式已经无法得出可信的结果，分子设计领域也遇到了同样的问题。无论是高分子材料、电磁材料还是小分子药物，我们都希望能使用最新的方式——神经网络学习——来得到我们最终需要的分子结构。

用深度学习模拟和设计物理过程及物理结构的方式已经得到广泛的应用。比如，DeepMind 公司研发的用于预测蛋白质结构的 AlphaFold 系统预测出了所有蛋白质的结构。此外，还可以通过深度学习来观察液态氢的超导行为，观察结果可以用于控制超导行为，这在新能源方面有非常好的用途。总之，在材料科学、能源科学、电子工程、环境科学等领域，"AI 赋能科学发现"已经有了突飞猛进的发展。

其中，发展最成熟的领域是药物研发。在传统的药物设计方式下，专家确定靶点后，从药物库中筛选并设计出候选药，然后进行临床试验。整个流程耗时长、代价大、创新难度高。然而，人工智能辅助的药物设计能够基于深度学习模型设计出蛋白质架构，从而跨过这些代价高昂的设计过程。也正是这些优势，使得药物研发领域比其他领域更加适合使用 AI 来辅助,发展速度更快,成熟度更高。

药物设计的核心是生物分子结构的设计。生物分子结构包括蛋白质、DNA、RNA 等,它们可以使用一维、二维、三维、四维的方式进行表征。几何深度学习模型能够融合多模态、多尺度、多维度的数据,有效且准确地表征生物分子结构,也可以用于生成新的生物分子,助力研发人员进行定量评估,从而解决药物设计的核心问题。总之,一个有效、学习能力强的 AI 模型,加上分子设计的第一性原理,就能助力研发人员完成强分子的药物设计、药物分子优化、药物重新利用、抗体生成和蛋白质设计。这也是智源健康计算中心的核心工作。

我们非常重视模型,并且在大模型领域已经积累了多年的经验。无论是预训练模型、图网络模型还是通用模型,我们都拥有非常优秀的技术,并希望将这些模型成功应用于制药领域。基于此,我们已经开发了核酸适配生成、蛋白质生成和筛选等模型。这些模型的优势在于,通过机器学习,我们能够取代许多烦琐的湿实验步骤,从而实现干湿实验的闭环。实验数据能够快速反馈到 AI 模型中,而且我们能够用计算替代大量的实验,这极大地提高了新药研发的效率。这一系列研究成果都将开源。我们还在上述成果的基础上推出了通用计算平台。

我们希望与国内乃至全球的同行合作。比如,我们与清华大学的智能产业研究院联合,在妊娠糖尿病的数字疗法研究和基于转录测序数据的个性化药物重新定位方面取得了显著的成绩。同时,需要强调的是,我们在"AI 驱动的科学发现"方面强调科学人员与 AI 的结合。我们与海德堡大学的化学生物实验室合作,将他们的实验数据快速反馈到机器学习中,从而设计出新的药物。这种方式将精度和效率都提高了 100 倍,并显著缩短了药物设计周期。

AI 制药领域在"AI 驱动的科学发现"方面进展迅速。在过去 5 年中,我们已经看到越来越多的创业公司涌现,甚至有药物进入临床试验阶段,这为我们提供了一个非常好的创业机会。2022 ~ 2023 年可能是一个发展的拐点。

三、总结

在推动了自然语言处理、图像处理和视觉识别等一系列应用后,深度学习将在科学研究领域产生革命性的影响。深度学习能够将物理世界数字化和自动化,形成科学研究的"第五大范式"——AI 驱动的科学研究范式。

目前，深度学习处于发展的黄金期，材料、化学和生物学等多个科学领域都可以得到深度学习的赋能。随着机器学习算法、量子计算和计算科学的进步，深度学习还将为能源、气候、健康等领域的应用创造巨大的发展机会。未来十年，科学发展和产业创新将出现巨大机遇，重点包括数据、模型、算力、算法，核心在于跨学科人才的支持。

第 4 讲

走向人工智能科学家：未来科学发现的关键伙伴关系

约兰达·吉尔（Yolanda Gil）
国际人工智能协会前主席

这一讲将讨论如何培养在科学领域全面发展，并最终可以自行推动科学发现的人工智能科学家。更具体地说，这一讲将介绍如何给人工智能提供各种科学知识以及人工智能科学家应有的技能，从而帮助它们产生假设、探索方法、检验假设、查看实验结果并更新发现。

这一讲将围绕两个问题展开：一，如何赋予人工智能系统科学知识和技能；二，如何赋予人工智能科学家与人类科学家合作的能力。如果人工智能系统是一个自行工作的黑匣子，那么它将永远不会从人类的直觉中受益，也永远无法向科学家解释为什么要优先考虑某条探索路径。总之，培养人工智能科学家需要注意两个方面：它们的内部大脑和能力，以及它们与人类沟通并融入科学生态系统的能力。

一、走向人工智能科学家

随着时间的推移，人工智能已经能够自动复制已发表的文章，承担研究助理的工作。它们可以像学生助理一样解决新的科学任务，为科研做出有用的智力贡献。最终它们会成为文章的共同作者，如图 4-1 所示。

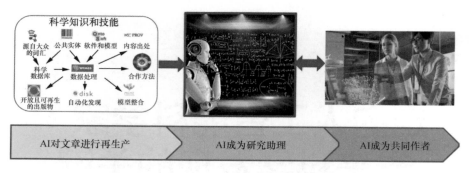

图 4-1　走向人工智能科学家

二、人类的局限性阻碍科学进步

之所以要创造人工智能科学家，是因为人类具有局限性，比如：

- 缺少系统性；
- 会犯错；
- 有偏见；
- 报告能力差，等等。

这些局限性可能会阻碍科学进步。

1. 人类不够系统性

比起人工智能，人类不仅工作速度缓慢，而且不够系统性。以根据论文汇编化石记录为例，塞普科夫斯基博士和他的学生花了几年时间阅读论文并整理这些论文中发表的事实。他们能够汇编出很多结果。但是，自动化的人工智能系统能够比阅读这些论文的人获得更多的发现。人在阅读时可能会忽视细节，而自动化的人工智能系统不会。

2. 人类会犯错

人类会犯错。人类发表的论文有时会包含错误。众所周知，有时候科学论文会被撤回。历史上，甚至有一些诺贝尔奖得主也因为文章中有错误而撤回文章。

3. 人类有偏见

人类有偏见。曾经有一项古气候研究开发了一个人工智能系统来检查数据，并产生合理的假设。然而，随后发表的论文中只提到了其中一些假设，而人工智能系统产生的一些假设被忽视了。总之，人类有偏见，并且倾向于考虑符合个人认知和偏好的假设。这对科学研究来说不一定是好事。比如，最近在一项阿尔茨海默病的研究中，研究人员的偏见就导致了研究结果的偏差。

4. 人类报告能力差

人类的报告能力非常糟糕。人们在写作时通常会强调自认为重要的部分，这可能导致他们对一些重要的细节轻描淡写。这使其他人很难复现研究。比如，在生物医学研究领域，即使是比简陋的大学实验室拥有更多资源的制药公司，也经常反馈说无法复现他们想要复现的大多数论文。

总之，人类在生产科学成果方面有很多局限性。在进行多学科研究时，人类必须从很多学科、很多角度来理解问题。然而，无论是从生理、心理、行为角度还是从医学角度出发，人类的大脑和智力都很难整合来自不同学科的数据和知识。但是，人工智能可以胜任跨学科的知识聚合，而且非常重要的是，人工智能系统对科学各门类的理解越多，它们就越能胜任跨学科的知识聚合。

三、如何开发撰写未来科学论文的人工智能

实现这一愿景的第一步是在不久的将来构建能够理解如何撰写科学论文的人工智能系统。那么，如何开发这样的人工智能系统？我们需要获取什么、表现什么，才能使系统具有写论文的能力？

将人工智能融入科学研究会带来很多好处。人工智能将使报告变得更精确，因为它可以将论文定制化。比如，有人只是想浏览一下关键内容，而有人只是想了解一下原则、方法论和结果，还有人想要复现结果，因而需要更丰富的数据。此外，人工智能也能够自动更新它的科学发现。以阿尔茨海默病的研究为例，假设现有 3000 名阿尔茨海默病患者的数据集，并且假设三年以后，又增添了 3000 名阿尔茨海默病患者的数据，这时我们就需要更新原先的假设和结论。人工智能系统在这方面有许多优势，因为它可以自动生成新的报告。

我们所做的第一步是开发人工智能系统获取信息并撰写论文的能力。此外，我们还使用人工智能系统提高了研究的可复现性和可理解性；换言之，我们提高了复现研究中的所有方法和步骤的可能性。为此，我们对蛋白质基因组挑战赛的部分参赛作品做了一些研究，其中，所有参赛者都发表了不同的解决方案。我们已经能够在一个一致的框架中进行复现和比较，从而得出哪些发现能够帮助参赛者获

得更好的分数。同时，通过再现和比较结果，我们也可以更好地理解研究方法。

我们已经做了很多工作来描述科学家应该在研究记录中包括什么，以使文献更准确。在这项工作中，我们看到了在科学技能和方法的推理工作中引入人工智能的机会。图 4-2 展示了一个自动化时间序列分析的智能工作流系统，通过这个流程，我们就能够在研究的过程中筛选出正确的方法并做出明智的决定。图 4-2 的顶部是研究必须遵循的一般性环节，底部是这些环节中可选择的所有方法。科学家可以根据数据集的具体情况进行选择。基于此，我们建立了智能工作流系统。它能够定制实际方法，并定制用于实现时间序列分析的可执行代码。

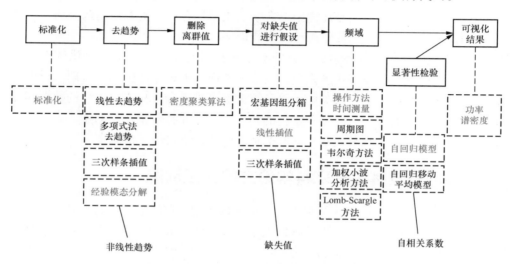

图 4-2　自动化时间序列分析的智能工作流系统

一旦复制了这些方法，人工智能系统就可以根据数据定制方法，持续分析数据并更新结果。我们复现了一项生殖癌研究，并系统性地探索了替代方法/数据来源，发现 35% 的蛋白质鉴定即使只改变一个步骤，得出的结果也会有轻微的变化。这是因为每个实验室都有不同的方法，所以有时它们会得出不同的结果。总之，我们的人工智能系统可以运行所有方法，并进行比较和集成。但是，当我们查看文献中使用的不同方法时，我们无法得到相同的洞见。因此，通过人工智能捕捉、比较研究方法并生成所有可能性，对实现可用数据的系统性是非常重要的。

我们所做的另一项工作涉及多学科研究领域。当研究跨学科问题时，研究者必须考虑不同学科的模型并整合许多方面的信息。然而，它们之间具有很大差异。比如，水文模型在空间上是三维的，它们在网格和这些网格的密度方面非常复杂；而农业模型是点模型，它们按大区域对模拟进行分组。总之，将不同模型聚合在一起难度很大。为了解决这一难题，我们使用人工智能根据数据格式、物理变量、约束条件和可调整的参数描述了每个模型的特征。数据格式包括间隔、网格大小、网格密度等。通过对数据代表的物理变量进行描述，我们可以跨模型转换这些变量，并使它们协同工作。我们还捕获了约束条件，比如，哪些模型不能在干旱地区使用，哪些模型更适合有雪和雪融化的地区。此后，我们还获取了需要调整和训练的参数。通过对这些方面的推理，我们能够更好地支持这些不同模型的集成，以给决策者提供他们想看到的信息。这个例子再次强调了在人工智能系统中捕捉推理的主题。

我们也在推动一种认知架构，它着眼于假设和问题驱动的发现。我们研究不同类型的问题，比如，分析两个不同变量之间的联系或因果关系、各种反事实、观察预测并对未来做出预测。我们从不同的角度来观察数据，建立不同的模型，采用不同的方法。基于此，我们创造了一个从问题到结果的认知循环。我们在不同的科学领域对此进行了研究，发现了一些可以捕捉到的认知过程，换言之，我们观察科学家的科研过程。比如，他们如何决定所要使用的数据。有时，数据是在实验室中生成或从传感器获得的；但是，数据通常来自大型数据存储库。例如，在神经科学领域，科学家常常使用来自 50 多个国家和地区、数百所大学、世界各地医院的数据；他们以不同的方式分享数据，以回答神经科学的问题。

四、总结

要真正发展人工智能科学家，仅仅靠数据或算法是不够的。我们应该构建真正的人工智能系统，使它能够更主动、更自主、更独立地研究科学问题。从复制文章到成为研究助理，再到成为共同作者，人类在这方面已经做出了很大的努力。在接下来的几年里，将有许多取得中间成就或里程碑的可能性。它们将会非常令人兴奋。我不会详细描述它们，但我对此已经思考了很多。如果你认为我的想法过于雄心勃勃，我将提到北野宏明的挑战。他是一位荣获许多奖项并得到广泛认可的著名人工智能研究者兼生物学家。他同时还是《自然》期刊的系统生物学主编。他相信人类可以在 2050 年前创造出能够获得诺贝尔奖的人工智能系统。所以，也许我的预测还不是最雄心勃勃的。

第 5 讲

圆桌对话：人工智能引领韧性治理与未来科技

主持人：

薛澜，清华大学文科资深教授、苏世民书院院长、人工智能国际治理研究院院长

嘉宾：

徐浩良，联合国助理秘书长、联合国开发计划署政策与方案支助局局长

龚克，世界工程组织联合会前主席、中国新一代人工智能发展战略研究院执行院长

张宏江，美国国家工程院外籍院士、北京智源人工智能研究院理事长

约兰达·吉尔，国际人工智能协会前主席

薛澜： 发展中国家如何平衡人工智能的发展和治理？

徐浩良： 这个问题比较复杂。在联合国发展计划署和很多国家合作的过程当中，我们确实感受到大部分发展中国家和发达国家的发展能力有非常大的差距，尤其是在一些新技术的发展方面。联合国开发计划署正在想办法帮助这些发展中国家缩小他们与发达国家之间在发展能力方面的差距。从发展的角度来讲，联合国开发计划署坚持这些国家的政府要起到主导作用，即"国家自主"（national ownership）。联合国开发计划署的出发点不是说教的，而是根据这些国家本身在一些国际框架、国际协议中做出的承诺，帮助这些国家提高自身的能力，缩小其在现代技术与治理方面与发达国家的差距。很现实的是，如果一个国家在法律透明性、政治稳定性、机构能力等方面的国际社会评估结果不佳的话，确实会影响投资者对这个国家进行投资的信心。联合国开发计划署在帮助这些国家解决这方面的问题，而不是用质疑的方式去和这些国家合作。

龚克： AI 既是治理的工具，又是治理的对象。在考虑将它用于韧性治理的时候，同时也要考虑它自身的韧性如何。比如，它能不能抗干扰？它在系统出现意

外情况时是否具有恢复力？这是我们必须回答的问题。事实上，我们目前在应用中看到的 AI 还是一个比较脆弱的系统。这就是为什么我们现在仍然对自动驾驶感到担忧。我们主要担心自动驾驶的汽车在碰到未曾事先训练过的情况时，它是否会用具有鲁棒性的办法进行处理。从系统设计来讲，这个问题本身也并不新，只是过去我们不大应用"韧性"这个概念，而是使用"鲁棒性"（robustness）。换言之，设计通信系统时工程师特别追求灵敏度，但是如果过度追求灵敏度，就可能导致系统不稳定——条件一旦有变化，系统很可能就会垮掉。优化时需要避免这种现象。同理，如果要在 AI 系统本身的设计上增加鲁棒性，就需要引入"AI 鲁棒性检验"或者"AI 韧性检验"的概念，并制定到相关的标准里，通过它检验相关条件发生变化时系统是否能够保持相对稳定。比如，一套系统通过语音或图像的识别都应该能够识别同一个人。再比如，指纹经常无法识别，就是因为对特异性过分灵敏——手指上沾有一点液体或尘埃，指纹就无法识别。总之，从鲁棒性到韧性的检验非常重要，这样才能保证系统在碰到破坏性灾难的时候能够恢复。这一套观念的引入应当尽快提上日程，无论是在设计、研发、维护还是使用的过程中。

张宏江：在设计人工智能系统时，特别是在处理 AI 系统敏感度和稳定性的矛盾时，还需要在一些核心时间点上注意人的介入。以自动驾驶为例。从一个投资人的角度来说，我是不愿意投资自动驾驶的，因为它的回报周期非常长，可能需要 5 ~ 10 年，因为技术本身逼近完美程度的"最后一公里"是非常艰难的。自动驾驶的现状有点像飞机刚起飞，因为大部分飞机在飞行的时候处于完全自动状态，但是飞机在起飞时需要有一个领航员。也就是说，L4 自动驾驶技术或其背后的总控制端需要在某个时间点引入人的干预。要在体系设计阶段就考虑到这一点。根据经济模型的计算，如果这样一个引入了人的介入的总控制端能够指挥超过 1.7 辆车，它的成本就已经低于今天的出租车公司了。从这个意义上来说，自动驾驶技术其实距离完美很近。所以，从投资的角度来说，回报是完全可见的。

约兰达·吉尔：我同意到目前为止的所有评论，不过，我想补充两个简短的观点。

第一，我认为我们将受益于不把人工智能视为一种完全不同的、全新的技术的态度。我们不必认为我们需要为了 AI 重塑人类社会多年来在工程和技术方面建立起来的所有工程、安全和责任措施。我们无须为了 AI 重新发明一切。我们必须以几十年来的设计复杂系统的经验为基础。那些经验让我们的飞机飞行，让我们的生活自动化。不过，人工智能在自主程度和能力上不同于以前的那些技术，所以我们必须关注人工智能带来的新事物。

第二，我们有一门学科，叫作安全工程，它已经发展了几十年。在安全工程学科中，有一个叫作"安全关键系统"的概念。安全关键系统对人类、人类生命和人类福祉非常重要。理解风险并管理风险是安全工程学科中非常重要的一个方面。我在这个领域的同事告诉我，所有安全关键系统都配有受过高度训练、可以重写系统的人类操作员。通常这些人类操作员能够理解风险，并理解如何处理系统的任何故障。如果人工智能系统在没有配备受过高度训练、可以重写系统的人类操作员的情况下被投入使用，我认为这是非常令人担忧的。我们确实需要从安全工程领域几十年的知识和经验教训中学习。

薛澜： 人工智能系统有没有可能帮助我们识别科学发展当中出现的危机现象？它在帮助建立新范式这方面有什么价值？

张宏江： 美国物理学家、科学哲学家、科学史家托马斯·库恩的科学革命理论解释了从前科学进入常态科学的规律——常态科学出现危机，接着产生一次革命，展示新的常态。举个例子，当牛顿的经典力学在 100 多年前出现危机时，相对论和量子力学出现并补充了它——一场革命补充并扩展了经典力学。现在，在科学领域，AI 在很大程度上仍属于技术和工具的范畴。然而，AI 的作用并不仅限于此。

回顾五六十年前，当时天气预报需要的大气科学仍然相对薄弱。然而，随着计算机的发展，尤其是 50 年前 IBM 的主机出现，这个问题得到了解决。因此，我们可以说，计算科学带来了科学研究的第四大范式。科学研究的第三大范式是通过观察和实验得出理论，但无法预测某些现象，因为无法在如此大的尺度上进行实验。计算科学能够解决这个问题，避免了危机的发生。从这个角度来说，计算科学实际上帮助大气科学进入了一个新的状态，中间也经历了一场革命。这场革命通过计算范式解决了某个问题。大家看到了计算不仅在天气预报等领域有应用，还在核聚变等方面有潜在意义。

同样，现如今 AI 在某个领域的发展，也会推动该领域突破瓶颈，引入新的常态。我认为作为一个工具、一个系统，甚至一种思维方式，AI 有这种推动作用。但是我想指出，科学本身的进步依然是非常重要的。如果 AI 能够发展到代替科学家的层次，那么它可能会打破库恩的理论。对此，我非常有信心。

约兰达·吉尔： 科学领域的人工智能可以带来一些非常强大的东西，可以解决所有这些问题，比如恢复力，以及正确和负责任地使用人工智能的问题。我认为，科学需要可解释性和因果关系，我们无法理解完全自主的人工智能系统所告诉我们的它对事物运作方式的解释，因为我们无法理解其中的因果关系，也无法得到解释。人工智能科学家与科学领域的人工智能工具需要能够解释自己并为科学领域的已知知识做出贡献。只有当人工智能真正能够解释自己并证明自己的透明性时，它才能从根本上被应用于社会上的所有其他领域，并变得更负责任、更有韧性。

龚克：我想补充一点。当考虑将 AI 用于识别反常的科学发现时，这个 AI 实际上必须超越目前仅基于已有数据训练的 AI。当 AI 真正理解数据和知识时，它才有可能克服人类的知识局限，为我们提供更多帮助。我并非在谈论突破库恩的范式，而是说现在存在许多虚假信息和伪科学，它们可能会误导民众。AI 的应用可能会帮助我们应对这一现象，但要实现这一点，AI 不仅仅要基于数据训练，还必须具备理解知识的能力。只有这样，它才有可能克服人类个体科学家的知识局限，成为一个知识更为丰富的科学家，帮助我们解决虚假信息和伪科学等问题。

徐浩良：我想补充两点，第一点是人工智能的治理以及它的使用，第二点是用人工智能来进行治理。

对于第一点，我们呼吁制定国际标准，以确保人工智能具有包容性、问责性和韧性。许多同仁都已经提到了这方面的问题，比如伦理方面的标准。在我们的战略中，我们坚持遵循这样的标准。此外，我们认为在政策讨论和实践中，包容性也至关重要。我们的社会需要理解人工智能的收益和风险。

对于第二点，用人工智能来进行治理能够大大提升服务能力和政府的公信力。这方面有许多例子，人工智能在大规模应用中能够同时惠及政府和民众。例如，孟加拉国政府通过不同的平台提供了 300 多种在线服务，由此节省了数十亿美元，也大大降低了群众跑腿的次数。

对于发展中国家来说，能力是个问题，基础设施也有局限性，要想让这些国家的政府在人工智能领域与先进国家齐头并进，还需要时间。因此，在许多国家，可能在未来的 5 ~ 10 年仍需要进行巨大的转变。在这方面，我们呼吁更多的合作，包括南南合作和三方合作。中国在人工智能方面非常先进，可以帮助其他发展中国家。联合国开发计划署或其他联合国机构都可以成为很好的平台和桥梁，促成这些事情的实现。

薛澜：AI 是否会在科研工作中完全取代人类？

约兰达·吉尔：我对人工智能非常乐观。我认为人工智能为人类服务符合我们的集体利益，因此我们将实现这一目标。当然，这需要时间，因为开发非常有能力的人工智能系统也需要很长时间来实现。但我对此仍然非常乐观。如果你今天走进科学实验室，你会发现科研人员将 90% 的时间都花在重复、无聊、普通的任务上。这并不是一种好的商业模式。科学需要巨大的投资，我们面临着许多疾病、发展和环境挑战。我们不能继续如此低效地经营科学事业。这对于人类来说是不合理的。我们必须相信，如果我们将科学家在实验室里做的无聊任务自动化——我自己也做了很多类似的工作——那么人类就能有更多的时间去从事更有趣的事情。另外，如果人工智能系统能够发现错误，帮助我们做得更好，那么人工智能将使我们成为更好的人。它将促使我们变得更有创造力，做更有趣的事情。这是我对未来的看法。

薛澜： 请简明地总结一下对此次圆桌对话的主题"人工智能引领韧性治理与未来科技"的想法。

徐浩良： 人工智能的发展以及相关技术的进步都非常迅速。对此，人类社会面临的挑战是，有些国家正在掉队，并不是所有国家都能够齐头并进。所以，对于联合国开发计划署来说很重要的是，我们要认识到有哪些成就、有什么合作潜力，以及各国之间、各个组织之间的合作有什么样的前景。我期待着与各位同仁一起努力，使所有人共同前进变为现实。

龚克： 如果人们要过有意义、有价值的人生的话，AI 的发展其实对人的科学知识水平和道德水平都提出了更高的要求。这是因为，我们要去驾驭一个更有能力、更强大的工具。并不是有了一个强大的工具，人就可以变得懒惰。与之相反，人应该变得更聪明。

张宏江： 随着 AI 的快速发展，接下来的十年会是 AI 驱动科学研究突飞猛进的十年。这个十年会创造很多产业和创新的机会，我们将步入一个黄金时代。但我们需要注意一个问题：未来需要什么样的人才？ AI 驱动科学需要数据、模型、算法和算力，但更核心的一点是需要有创造力的跨学科人才。任何今天可预见的 AI 都无法替代有创造力、有跨学科能力的人才。

约兰达·吉尔： 此次圆桌对话让我受益匪浅。我的孩子们是数字原住民，所以他们很自然地接触了计算机、智能手机这类技术。这很棒。他们的下一代将是 AI 原住民。那些孩子将出生在一个到处都是人工智能系统的世界。我想他们的思维模式会很不一样，就像我们的孩子和我们不同一样。我对下一代人的贡献以及他们对我们的想法的看法感到非常兴奋。我们中的一些人仍对人工智能抱有恐惧心理，让我们留给他们一个不再有这些恐惧的、更美好的世界，一个积极的世界，在这个世界里，人工智能会为很多事物赋予力量。

主论坛 II

人工智能治理技术

第6讲

可信人工智能

周以真

哥伦比亚大学常务副校长、计算机科学系教授

可信人工智能致力于将三个研究领域聚集融合在一起，即人工智能、网络安全和形式化方法。

人工智能系统在诸多任务中已经取得了足够好的表现。比如部署在街道和家中的物体识别系统或语音识别系统；又比如在围棋或其他游戏中，人工智能甚至能够超过人类的表现。人工智能的前景相当广阔，它可以帮人们开车，还能帮助医生做出更加准确的疾病诊断。甚至于，它能够帮助法官做出更为一致的法庭判决，以及帮助雇主筛选出更加合适的求职者。

然而，人工智能系统有时候是脆弱的，甚至会导致不公平。例如，在停车标志上涂鸦会使图像识别分类器误以为它不再是一个停车标志（见图6-1），在良性病变的图片上叠加噪声会让图像识别分类器将它误判为恶性病变（见图6-2）。研究表明，美国法院使用的风险评估工具存在种族偏见。有媒体报道指出，亚马逊的人工智能招聘工具对女性存在系统性偏见。

艾克霍特（Eykholt）等人于2017年发表于
IEEE国际计算机视觉与模式识别会议

图6-1　在停车标志上涂鸦会使图像识别分类器误以为它不是停车标志

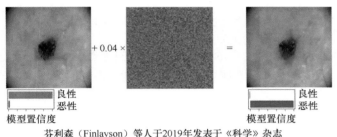

芬利森（Finlayson）等人于2019年发表于《科学》杂志

图 6-2　在良性病变的图片上叠加噪声会让图像识别分类器误以为它是恶性病变

一、可信人工智能的定义

在享受人工智能带来好处的同时，我们如何才能够解决人工智能对人类和社会产生的负面影响呢？简而言之，我们如何才能够实现值得信赖的人工智能——可信人工智能呢？

接下来，作为背景，我们首先介绍一下可信计算——一个计算机科学界已经研究了几十年的问题。计算系统的可信赖程度取决于下面这些属性。

- 可重复性：能够在不同的环境和数据集下重复验证模型的功能。
- 安全性：能够确保不伤害他人。
- 防护性：面对攻击不易受损。
- 隐私保护：能够保全用户的身份和数据。
- 可用性：系统在接受访问的时候，能够有效地实现其功能。
- 易用性：能够轻松、便捷地操作和使用系统。

对于可信人工智能而言，由于人工智能系统独特的性质，我们必须对系统的可信赖程度提出更高要求，因此就需要添加如下额外的属性，进行增补。

- 准确性：在训练数据和测试数据之外，人工智能系统能够准确响应新的未知数据。
- 鲁棒性：系统输出的结果对输入变量的轻微波动不敏感。
- 公平性：系统输出的结果足够公正无偏。
- 问责机制：能够对人或机构进行溯源问责。
- 透明度：外部观察者能够清楚地看到系统结果的产生过程。
- 可解释性：可以使用人类能够理解的语言和逻辑来解释和证明系统输出的结果，或者说，系统输出的结果能够为用户提供现实意义。

- 伦理规范：数据的收集方式合乎道德，系统输出的结果以符合伦理标准的方式被使用。

也许，还有其他暂未发现的属性需要加入这个列表。这些问题此前从来没有被思考过，因为在对计算系统进行可信赖程度分析的时候，不需要考虑这些问题。但是，对于人工智能系统来讲，因为交付人工智能执行的任务和人工智能执行任务时所面临的环境具有现实影响，所以要求研究人员必须考虑这些属性。

二、可信人工智能的实现

如何才能够实现可信人工智能呢？在可信计算的研究中，研究人员积累了测试、模拟等良好的软件工程方法，这些常见的软件工程方法构成了可信人工智能的实现基础。从测试、模拟等良好的软件工程方法出发，我们提出了"形式化方法"，这种方法可以在以上几种软件工程方法的基础之上构建可信人工智能的标准和实现规范。下面将介绍本人所在团队正在研究的若干关键问题，其意义在于应用形式化方法来尝试实现人工智能系统的可信度描述和实现。

首先作为背景知识介绍，我们概述一下常规传统计算机系统的形式化方法。在传统的形式验证中，需要证明式 6-1。

$$M \models P \tag{式 6-1}$$

式 6-1 一般读成"M 满足 P"。其中 M 可以是一段代码、一个程序、一个协议，又或者是一个并发式或分布式系统的抽象模型。M 是一个数学对象，可以被形式化地推理研究。P 则是我们所需要关心的性质，它通常用某种离散布尔逻辑来表示，或者用时序逻辑来表示。P 的含义一般是正确性属性、安全性属性、活性属性等。过去几十年的研究积累使得学术界拥有了表达 P 的语言，以及表达 M 的数学模型。最后，运算符"$\models$"被读为"满足"，也就是"M 模型满足 P 属性"。

$M \models P$ 事实上代表了一个逻辑框架。在这个逻辑框架中，形式化的逻辑可以用来推断 M 是否满足 P。在过去的几十年中，人们进行了大量研究，针对不同类型的逻辑构造了对应的数学工具。现有的工具能够做到让用户按一个按钮就可以检验各种系统的属性。这些工具包括模型检查器、定理证明器、可满足性求解器（Satisfiability Modulo Theory Solver，SMT 求解器）等。

有时候，在传统形式的验证中，有的表述还会在表达式中增加一个元素 E，变成式 6-2 的形式。其中，E 是对 M 所代表的系统所处的运行环境的描述。

$$(E, M) \models P \tag{式 6-2}$$

如果将 M 理解成许多并行进程当中的一个，那么 E 就可以是与 M 连接并且并行运行的环境。然后，通过某种并行机制将 E 和 M 组合在一起，讨论它们的组合，即 (E,M)，是否满足属性 P。例如，可以把 M 看作一个代码片段，把 E 看作操作系统和编译器，在这种假设条件下，证明 E 环境中的 M 是否满足属性 P。

现在回到可信人工智能系统，问题会是怎样的呢？公式 6-2 的内容需要重新解释。如果用 M 来代表机器学习模型，比如一个深度神经网络，或者任何一个可以通过机器学习来进行算法学习的模型——但需要记住，M 是一段代码，或者说是一个程序，但不是人类直接书写的程序——那么属性 P 就可以扩展为概率逻辑或随机表达式。逻辑符号"$\models$"则需要扩展为用于推理的概率逻辑，或者以前没有被用于离散系统推理的一些新算法，如区间分析或实数推理。

从验证传统计算系统到验证人工智能系统，对应的 E 也需要进行扩展而变成 D，如式 6-3 所示。D 代表人工智能领域的数据模型，例如某种随机过程或随机分布。D 输出的数据用于验证机器学习系统 M 是否满足指定的属性 P。

$$(D, M) \models P \tag{式 6-3}$$

简而言之，可信人工智能系统的形式化验证，将变成对式 6-3 的描述：对于一个特定的可信度属性 P，(D, M) 满足 P。这些元素的含义和相关的研究进展，后面会进行更加详细的阐述。

三、可信人工智能的前沿问题

已有的研究表明，可信计算的形式验证和可信人工智能系统的形式验证主要有两个区别，一个区别是二者对概率推理的需求不同，另一个区别是二者所使用数据的作用不同。这两类形式验证都是尚未解决的逻辑难题。

1. 概率推理的必要性

M 在语义上和结构上都不同于经典的计算机程序，它本身就是概率性的。以一个深度神经网络（Deep Neural Network，DNN）模型为例，如果输入是随机变量，那么输出也将具有随机变量的特性。同时，在网络结构上，M 由机器生成，它不太可能是人类可读的。然而，从计算机科学或编程语言的角度来看，它只是中间代码。我们知道，不管对中间代码进行何种分析，得到的也只是另一种不同描述的中间代码，对人类来说依然不可读。P 这个属性可能是在连续的或离散的域上表述的，因而可能是概率论和统计学中的表达式。比如，P 可能是 DNN 的鲁棒性属性，可以用连续变量来描述。又比如，P 可能是公平性属性，可以通过一个损失函数在实数域建立期望值的数学模型。还比如，P 可能是用于衡量隐私保护能力的差分隐私方法，那么它衡量的就是一个小数据变动引发的观察数据受影响的概率。所以，在可信人工智能的实践中，概率推理的依赖性是无法避免的。

不仅如此，要想证明 M 满足 P 的符号或逻辑框架，同样需要使用概率逻辑或混合逻辑的方法。当然，这两个领域已经被研究了几十年。当想要证明的人工智能系统的规模急剧扩大时，也许就需要引入新的算法，以便适应人工智能系统中的实数函数以及各种非线性函数，比如 Sigmoid 函数、概率分布函数、随机函数等。

2. 数据的作用

在讨论数据之前，需要区分可用数据和未见数据。可用数据是已经拥有的数据，用于训练和测试；未见数据是需要在未见过的情况下进行操作的数据。在使用形式化方法对人工智能系统进行可信度评估时，需要解决下面三个数据相关的技术问题。

第一个问题是如何构建数据集 D，特别是未见数据部分。如何根据数据的特征属性构建数据集，是一个值得研究的问题。可行的方法是，可以利用随机过程或数据分布模型，通过设计模型参数，比如正态分布中的均值、方差或标准差，完成数据集的构建。也可以使用概率编程语言，比如 Stan 语言，生成指定统计模型的数据。但是，对于那些不符合现有统计模型的大型真实数据集来说，生成它们可能需要设置上千个参数，所以就需要一些不同于以往的算法和策略，这个问题有待进一步研究。

第二个问题是破除推理循环。为了构建未见数据来完成对人工智能系统可信度的检验，我们需要对未见数据的某些特征做出假设，然后以此构建我们所需要的未见数据。但是，这些假设必然依赖于一开始建立模型 M 时所做的假设。也就是说，必须相信数据 D 的初始假设，才能完成对数据 D 的衍生系统的检验。如果是这样的话，如何才能相信数据 D 的构建呢？这一信任问题，在形式化验证的方法论中非常常见。当指定 M 或 P，或者在本问题中指定 D 而不是 E 的时候，就必须相信数据的构建逻辑和流程。

在解决这个问题的常用方法中，通常有两种建议思路。一种思路是使用不同的数学方法，如统计工具，来验证数据 D 的规范。另一种思路是从一个可以手动检查的初始规范开始，通过迭代过程不断修订，构建一个更大的规范，最终完成对数据 D 的规范的验证。

第三个问题与构建未见数据有关。我们需要进一步研究未见数据与已知数据（也就是训练数据与测试数据）之间的关联关系或依赖关系。

四、可信人工智能的进展

在将形式化方法应用于人工智能系统的可信度方面，一个很有前景的研究方向是对其进行量化。在传统的形式化逻辑方法中，我们努力证明：对于变量 x 的所有值，P 都具有正确性属性；或者对于有限状态或当前系统，P 所表示的所有行为都体现某种特定行为逻辑。但对于人工智能系统而言，业界暂时还不能期望 M 适用于所有数据或者所有的数据集。

量化研究的目标应该是和特征或属性相关的。例如，对于给定的 M，指定 P 应该体现出的分布类型，就是和检验目标相关的。假设我们研究的是鲁棒性，那么在对抗性机器学习环境中，则需要证明 M 对于所有 D，如果其扰动范数有界，那么对应的输出都是鲁棒的。更值得注意的是，我们需要证明 M 对当前任务下的所有语义或结构扰动都具有鲁棒性。例如，对于计算机视觉问题，已有研究表明，叠加一些噪声可以欺骗分类器，让其误认为熊猫图片中的熊猫不是熊猫。当把计算机视觉系统应用于汽车自动驾驶时，乘客当然希望它对有缺陷的汽车是鲁棒的。因为乘客希望自动驾驶的汽车在撞上前车之前能够刹车，所以不管前车的挡泥板上有没有凹痕，它都必须被正确识别为一辆车。

量化分析的目标还有可能是人工智能的公平性属性。人们通常认为机器学习模型在给定数据集和所有未见数据集上的表现应该是公平的，因为这两个数据集在某种形式化分析的意义上来说是相似的。例如，人们有理由要求美国法院使用的累犯风险评估系统 COMPAS 是公平的。但遗憾的是，哥伦比亚大学的一项研究证明，这样一个应该公平的分类器，只要数据分布中的系数有一个轻微的扰动，它的结果就可能变得不公平。这同时也说明，该分类器在公平性属性的量化分析中，不是鲁棒的。于是，我们提出了一种改进的算法，以产生鲁棒的、公平的分类器。我们在 2020 年将相关的研究成果发表于 *NeurIPS*，论文名为 "Ensuring Fairness Beyond the Training Data"。

以上方法都是通过形式化方法对人工智能系统的输出结果进行事后的验证，借以保证其可信度。如果退回到最初的可信度目标，则可以看到还有其他的方向也很值得深入研究。比如，除了使用形式化方法对结果进行验证之外，还可以对模型本身进行综合分析和验证以保证其正确性，也就是在设计和建立模型的过程中就完成正确性校验，保证模型在构造上就是正确、可信的。形式化方法的另一个研究突破口可能是可扩展性。人工智能系统通过组合等方式扩大系统规模以后，可信度验证这个问题也将随着规模的变化而变得更复杂。因为对于一个系统来说，不同组成部分拥有某种可信度性质，并不能自然地推断出这些性质仍然适用于这个组合体，这就需要我们用新的方法和策略对组合以后的系统进行分析和证明。此外，已有的模型评估和模型检查的统计学方法也可能会是交叉研究的新热点。学习和参考形式化方法、计算机科学、人工智能、网络安全以及统计学的研究和进展，可能会为评估人工智能模型的可信度带来有价值的借鉴和启发。

五、总结和展望

在可信人工智能的研究中，形式化的检验方法就是检验式 6-3 是否成立。理解并掌握了这个简洁的表达式，就等于抓住了使用形式化方法验证 AI 系统可信度的本质。

第 7 讲

新一代人工智能发展的安全问题

高文

中国工程院院士、鹏城实验室主任

一、背景

1. 人工智能 2.0 发展新趋势

我们当前所谈论的人工智能，主要是指新一代人工智能，可以称为人工智能2.0。与原有的人工智能技术相比，人工智能 2.0 在诸多方面都有革新突破，纵观人工智能近年来的发展，可以总结为以下几个发展趋势：在智能水平上，感知和认知智能日益成熟；在技术路线上，数据智能成为主流、类脑智能蓄势待发、量子智能加快孕育；在智能形态上，人机融合成为重要方向；在应用驱动上加速推进；在属性上更加凸显。人工智能 2.0 的发展给人民群众带来了巨大的福祉，但它的革新速度非常快，如果不进行人为的干预，就会加剧社会风险，甚至成为新型犯罪的工具。例如，有些犯罪分子能够利用算法抓取社交媒体上的视频和照片，创建针对性很强的定制消息，合成受骗者亲人或朋友的声音用于诈骗，这些都是能够通过最新的人工智能技术、以极低的人力成本实现的。我们当然不希望采取过多的约束手段抑制创新的活力，然而也无法接受技术的不当利用给社会带来的沉重灾难。

2. 人工智能的高速发展影响安全格局

人工智能技术的快速迭代深刻影响了人类社会的安全格局，技术带给安全问题的变化主要源于两个方面：一是现有的安全威胁在 AI 手段下被扩大，风险程度加深；二是人工智能系统本身创设了全新的安全威胁或风险类型。对于上述安全问题的预防和治理，可以从不同的层次予以回应：站在人的层面，应当深化与技术研究人员的密切合作，调查、预防和缓解人工智能的潜在恶意用途，加强对从业人员职业伦理的培养；站在算法设计的层面，需要研发可信、可控、可解释的新一代人工智能应用系统，保障模型算法的正当用途；站在数据治理的层面，需要打造数据安全共享的"防护罩"，在保障数据安全、保护个人隐私的同时，提高数据要素的配置效率。

二、人工智能伦理问题：恶意使用的预防与治理

1. 强人工智能发展的风险来源

在中国工程院设立的一个重大咨询项目——"新一代人工智能安全与自主可控发展战略研究"中，有一项课题就是关于强人工智能与类脑计算技术路线及安全对策的，目前已经有一篇文章发表出来了，标题是《针对强人工智能安全风险的技术应对策略》。简要地说，强人工智能的安全风险主要源于三个方面，分别是模型的不可解释性、算法和硬件的不可靠性，以及自主意识的不可控性。

（1）模型的不可解释性

可解释性是指当我们需要了解或解决一件事情的时候，可以获得足够的可以理解的信息。而现在人工智能的很多模型是黑盒子，经过大量数据的训练，模型可以基本有效地使用，然而模型里的参数代表什么，我们无从知晓。于是有些人恶意地利用了这一点，既然模型不可解释，就在同样的模型中输入一些混淆数据，得到完全不一样的结果。

（2）算法和硬件的不可靠性

随着近年来自动驾驶汽车事故的频发，消费者开始担忧算法和硬件的可靠性，它们实际上并不能完全满足所有的预期要求，并且在人工智能专家系统服务社会时，系统所依赖的假设如果失效，就可能造成系统的崩溃。2008 年，黑客从哈特兰支付系统盗取了 1.3 亿张信用卡的数据；2015 年，黑客侵入美国政府的人事管理办公室……可见在强人工智能时代，系统很可能受到恶意攻击，算法和硬件本身的信息安全性也并不牢靠，这些都会对国家安全和社会稳定造成威胁。

（3）自主意识的不可控性

强人工智能可以设计自己的进化规则，进行自我进化。正如《自然》杂志封

面报道的"粒子机器人"能像生物系统自主运行一样；Facebook 人工智能研究所对两个聊天机器人进行对话策略升级，发现它们竟自行创造出了人类无法理解的独特语言；机器人权威专家霍德·利普森（Hod Lipson）认为机器人拥有自主意识是无法避免的，而人工智能的自主意识是不稳定、不可控的，这会引发潜在的风险。俄罗斯机器人 Promobot IR77 在一周之内两次成功逃离实验室；网上也曾热传"波士顿动力公司机器人 atlas 反击人类"的恶搞视频，预测机器人反击人类的情形。这些风险是我们当下需要特别考虑的。

2. 理论及技术研究阶段的风险预防策略

（1）完善理论基础验证，探索模型的可解释性

针对人工智能模型的不可解释性，我们需要进行理论层面的研究，最终实现模型的可解释，这会使风险大幅度降低。研究的视角可能包括：以神经科学为基础，探索强人工智能的模型设计；以元学习为基础，探索强人工智能的实习方法；从数学角度探索深度学习的可解释性。

（2）严格控制强人工智能的底层价值取向

在价值取向层面，我们可以通过设计明文规则来限制人工智能的行动范围，通过应用可信计算技术来监控人工智能的行动内容。同时要预防人为造成的人工智能安全问题，对人工智能进行动机选择，为人工智能获取人类价值观提供支撑。

（3）实现技术的标准化

为了便于对人工智能系统进行准确的风险监测，还应当确保技术在模型设计、训练方法、数据集、安全保障等方面的标准化。

3. 应用阶段的风险预防策略

（1）预防人为造成的人工智能安全问题

例如，近年来频发的深度伪造（DeepFake）现象值得警惕。在"AI 换脸"技术面前，眼见不一定为实。伪造者只需要把互联网上有关一个人的海量照片、视频、音频输入神经网络，软件就会在其面部特征和伪造的内容之间建立数据联系，协调好特定的词语和唇形、头部、身体之间的运动关联。逼真的伪造技术令鉴别工作更加困难，这需要探索出精准的伪造识别技术。

另外，算法设计阶段的疏漏也应引起重视。尽管 AI 的应用能力已经获得证明，但相应算法设计难免"百密一疏"，应将确保安全置于首位，特别是在

自动驾驶、远程医疗、工业制造等与人的生命安全直接相关的领域。波音 737 Max 客机曾发生两次空难，在该机型的设计中，存在一个称为机动特性增强系统（Maneuvering Characteristics Augmentation System，MCAS）的飞行控制系统，它利用了飞行数据计算机算法，旨在校正飞机升力的失衡，以防止飞机进入失速状态。然而调查显示，MCAS 的设计存在缺陷，算法在一些情况下会错误地将飞机引入降低高度的状态，并迫使飞机进入失速状态。这种设计缺陷是导致两起致命坠机的主要原因之一，这需要技术人员及早地改善和修复算法设计的疏漏。

（2）对人工智能进行动机选择

强人工智能可能会违背人类的合理猜想，因此人类应当提前对智能体的动机进行选择，全力制止不良结果的出现，使其具有不对人类造成危害的自发意愿。针对动机选择问题，当前研究中给出了 4 种应对方式：直接规定、驯化、扩增、间接规范。

（3）为人工智能获取人类价值观

尽管动机选择已经在一定程度上提升了人类控制强人工智能的有效性，但仍面临一些问题。例如，AI 可能面对无穷多种情况，不可能具体讨论每一种情况下的对策，而人类本身不可能持续监视 AI 的动机。可行的思路之一是将人类的价值观赋予 AI，让其自觉地执行那些不对人类构成威胁的事件。

（4）加强人工智能国际合作

通用人工智能研究已经成为国际性的关注点。集中全人类的科技力量来推进深化研究，才能使其更好地服务人类社会。相关研究和逐步应用的过程，将面临许多未知问题。加强通用人工智能国际合作、促进研究成果共享，才能根本性地提高应对突发情况的能力，真正保障应用落地和拓展。目前，美国是中国 AI 领域学者跨国合作最多的科研伙伴，两国学者合作论文量在这一领域的中外论文合作之中占比过半。

（5）加强人工智能人才培养

人才培养是科学研究的基础条件。通用人工智能作为前沿科技方向，相应人才培养的规模、速度、质量显然无法满足领域发展需要；亟待加强人才培养，尤其是本土人才培养。

三、人工智能数据与隐私安全

数据是生产要素的关键，数据安全对国民经济、信息技术的发展至关重要。而隐私保护和数据挖掘利用之间本身是一对矛盾，如何平衡好大数据场景下隐私保护和数据价值挖掘之间的关系，或者说在保护数据隐私的前提下如何最大限度地挖掘数据价值，是当下需要考虑的问题。

鹏城实验室针对模型训练的数据安全问题，专门研发了一种叫作"防水堡"的机制，它的工作原理如图7-1所示。数据是拥有方的，我们在加工模型时只是把中间特征嵌入数据沙箱，用程序调用中间特征，并对运行环境和调试环境进行分离。在模型加工场里，数据主要作为中间特征，在整个训练环境中被循环使用，用于把模型训练出来。最终输出结果时，有一道关卡叫"防水堡"，作用是检验输出的内容中是否存在原始数据、中间数据，如果存在，就不合格。

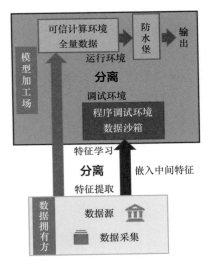

图 7-1 "防水堡"机制的工作原理

这种机制的特征在于：其一，分享数据而不分享价值。将调试好的程序浮动到全量数据运行环境中无人化运行，所有的数据可用于被加工，但不能被拖走。其二，程序动而数据不动。可信计算平台就像靶场一样只接收程序，数据无法被提走以保护隐私，模型是在全量环境中训练的。其三，数据可用不可见。所构造的数据样本放在调试环境中供用户设计模型使用，其足以反映出全量数据的特征，又不会泄露具体的隐私数据。其四，保留所有权、交易使用权。使用隐私保护的嵌入算法提取数据中间特征，据此构造出具有相同特征的数据。

这种机制在托管数据之前，需要经过安全分类分级管理。在此基础上，它能够做到：防止内部人员和外部代码窃取数据；使用网闸交换数据并使用模拟数据生成技术删除隐私；在隐私保护的前提下提供调试工具，以获取反馈和调试信息；防止分析结果私下夹带数据并导致泄漏。不同城市的大数据局将所有信息以数据信托的方式存储在超级智算平台上，通过 AI 靶场安全开发，数据需求方只能在调试环境中访问样本数据，形成数据分析程序，并将数据分析程序发送到 AI 靶场。向管理层报告审查后，数据需求方可以拿走分析结果，从而实现"数据不移动，数据可用但不可见"。

四、小结

人工智能的高速发展在带来便利的同时，也引发了一系列前所未有的安全问题。人工智能技术的恶意使用亟须进行系统性的预防和治理，当中需要重视对人工智能伦理问题的探索。鹏城实验室所采用的"防水堡"机制，为 AI 智算平台的数据安全和隐私保护提供了新的解决思路。该机制可以做到只分享价值，不分享数据，在保证原始数据不移动的情况下也能够使数据可用，并在数据价值开发和用户数据安全之间实现了平衡。

第 8 讲

人工智能安全的
实践探索

田天

瑞莱智慧（RealAI）公司联合创始人、首席执行官

一、人工智能产业正经历从高速增长向高质量发展的转变

当前人工智能产业正在进入一个新的发展阶段，它正经历着从高速增长向高质量发展的转变。在此过程中，人工智能的应用场景愈发复杂，从先前简单的人脸识别、语音识别，进展到自动驾驶、智慧医疗、智慧金融等新场景。人工智能带来的价值越来越高。与此同时，这些新的领域对人工智能的安全性、可靠性等方面的要求也越来越高，随之而来的安全问题及其后果也愈发显著。

二、人工智能中存在的真实安全问题

以人脸识别为例，近年来因为人脸识别而引起的新型安全问题、安全事故时有发生。据媒体报道，2022 年 7 月，某商业银行的一位储户，在一小时内 6 次被黑客采用"假人脸"方式通过了银行活体检测，被犯罪分子盗刷 43 万元人民币。2020 年 9 月，诈骗分子杨某从网络购物平台购买他人的人脸照片和账户资料，通过制图软件，制成人脸动图，以此完成了某购物平台注册。随后利用该购物平台的信用支付功能购买了大量商品，导致该购物平台损失 117 590 元人民币。

在此类安全事件中，一方面是人脸图片的泄露，也就是个人隐私信息的泄露；另一方面，对于人脸识别的攻击，即基于人工智能合成的人脸动图可以完成身份认证，导致人脸识别后续的一系列安全隐患和损失。这种攻击现在不仅发生在金融领域，近期在上海市虹口区人民检察院审理的某起公诉案件中，被告人通

过破解政务 App 人脸识别技术冒用他人身份注册"皮包公司",并虚开增值税普通发票牟取利益,总案值超过 5 亿元人民币。由此可以看出,人脸识别的安全隐患已经导致大量真实事故,并造成了损失。

人脸识别为何如此脆弱?针对这一问题,瑞莱智慧(RealAI)一直在进行相关研究。在 2020 年年底,瑞莱智慧进行了一项实验。如图 8-1 所示,实验者戴上一个加装对抗样本的眼镜,便可以伪装成手机的机主,完成对他人手机刷脸解锁,进而拿到手机内部的信息等。仅需 15 分钟就能完成一系列解锁操作,这在当时引发了广泛关注。此外,这个眼镜轻薄,制作成本低,效果稳定。它不仅可以用于攻击手机的刷脸解锁,也可以用于攻击刷脸打卡机等,具有一定的通用性和迁移性。这反映了人工智能算法自身鲁棒性较弱,并且警示着我们人工智能算法易引起后续的安全隐患。

图 8-1　利用对抗样本技术破解手机的人脸识别功能

三、人工智能安全领域"三部曲",赋能行业安全发展

针对以上一系列人工智能安全问题,瑞莱智慧一直在进行探索,希望通过努力赋能人工智能行业的安全发展。我们总结出了人工智能安全领域"三部曲"——发现风险、提出治理、落地实践。首先,在风险方面,我们希望持续发掘人工智能潜在的新型安全隐患。其次,提出新的治理理论,构建治理机制,探索相应的治理模型。最后,通过实践,赋能行业安全发展。

1. 持续发掘人工智能发展中的潜在安全风险

在挖掘风险方面,我们目前最关注的人工智能风险主要体现在不可靠、技术滥用、隐私泄露三个方面。

（1）算法的可靠性、鲁棒性所带来的安全问题

如前所述，人脸识别存在很多问题。这些问题存在的根本原因是大量算法背后使用的复杂模型本身并不可解释。即使是算法的设计人员，也无法完全控制算法在所有场景下给出的最终输出结果。这使得不法分子有了可乘之机。目前，为了防御，我们在该领域进行了很多攻击性实践。我们对人脸识别做了相应的安全检测，实现了利用对抗样本使人脸识别结果出错。通过穿着带有对抗样本信息图案的衣服，实验人员可以不被目标检测系统识别，从而实现了人对 AI 系统的隐身。

更进一步地，目前针对人工智能的攻击并不仅限于图像领域，还涉及环境感知领域，包括 3D 雷达信息等。实验表明，通过在锥筒上加装特殊的形状起伏对表面形状进行干扰，也可以在环境感知系统下实现隐身，实验车会直接撞到锥筒上，无法实现避障功能。

这一系列实验主要针对具体算法进行攻击和检测。目前所发现的漏洞最终都会反映在对真实商业系统的攻击上，带来不可估计的安全隐患，如自动驾驶系统。正常情况下，当真实的自动驾驶车辆发现障碍物或禁行的交通标志以及行人时，都应该自动停车，以保证车辆自身和行人的安全。当实验人员把加装了对抗样本的贴纸张贴在障碍物、禁行标志、行人身上的时候，自动驾驶车辆便无法感知障碍，从而发生可能威胁驾驶安全、生命安全的危险行为。因此，自动驾驶这类关键或直接关系生命安全的应用场景在大规模落地之前，必须先解决安全门槛的问题并消除安全隐患。

（2）人工智能技术滥用带来的安全风险和隐患

人工智能技术的滥用带来了一系列新的安全风险和隐患，降低了信息造假的门槛。这方面最典型的应用是深度伪造。深度伪造是指利用 AI 技术合成一些相当逼真的假视频，比如将一个人的脸替换到另一个视频上，仅靠肉眼很难看出编辑的痕迹。如果这类视频被用于制作政治人物、公众人物对特殊事件的发声，则极有可能引发社会的舆论风险、舆论诈骗或舆论引导等，带来隐患。同样，深度合成还有更具体的表情驱动算法，从而"升级"了黑产的攻击手段。实验表明，通过 AI 的表情驱动算法，可以由事先录制好的驱动视频加上原始人物图片，生成一个虚假的原始人物摇头、张嘴、眨眼的视频，从而能够通过一个真实的身份认证环节，成功登录金融 App，进行后续电信诈骗等一系列操作，带来最直接的安全隐患。

针对 AI 合成的滥用，随着合成技术的进一步发展，其安全风险越来越大。2022 年年初，瑞莱智慧联合清华大学人工智能研究院及清华新闻传播学院共同发布《深度合成十大趋势报告》。我们在这份报告中公布了一系列数据，其中从

2017 年到 2021 年互联网上关于深度伪造、深度合成的视频增长了十倍以上。目前可以看到，深度伪造、深度合成技术也在发展，同时对应的内容以及相关的不良应用和正向应用亦如此。这进一步提示我们要去关注对这种深度伪造的治理，以及更进一步地关注对 AI 技术滥用的治理。

（3）人工智能模型训练和预测导致隐私数据泄露

人工智能应用的基础是大数据，不管是训练环节还是推理环节，对于数据的依赖性都是绝对的。如果其中一个环节的大数据安全没有得到保障，就有可能导致信息泄露、隐私泄露，从而带来后续一系列不良风险，包括电信诈骗等。

随着技术的进步，人们的认知也在不断变化。就训练环节而言，以用于人脸识别的图片为例，一般来说，技术人员保存的是原始图片经过算法编码之后的特征。理论上，这些特征并不反映原始图片的直接信息，所以我们认为个人隐私的泄露风险较小。但是实验人员通过逆编码的方式，发现基于原始图片编码之后的特征，就能够直接还原出来新的图片，并且基于逆编码还原出来的新图片虽然与原始图片不完全相同，但基本上具备了原始人物的关键特征，能够识别出身份。这证明了模型对于处理之后的特征甚至是中间参数，也有泄露隐私的风险，在一定程度上也需要进行相应的保护。

随着大模型的发展，其推理环节也存在泄密风险。近期，新的大模型越来越多，以最近广泛出现在大众视野的 ChatGPT 为例。我们通过一些特殊的提示词或提问，就有可能导致模型输出训练中用到的含有敏感信息或个人隐私信息的输出结果，从而导致个人隐私的泄露。因此，我们在训练和运用模型的过程中，必须实时关注任何潜在的风险泄露点。

以上是我们在人工智能风险挖掘方面的一些工作举例。当然，发现风险后，我们并不能因噎废食不再使用人工智能，而是要考虑怎样提出治理的原则，让人工智能在更安全的前提下，发挥它应有的作用。

2. 落地 AI 治理研究院，探寻从伦理法规到技术落地的 AI 治理实践之路

在人工智能治理方面，瑞莱智慧进行了一系列的探索，包括参与提出新的治理理论、构建治理机制、探索治理模型等。

2022 年 6 月，瑞莱智慧的 AI 治理研究院成立，致力于提出治理理论、治理机制，探索治理模型，为人工智能的伦理完善、法制制订、技术实现等探索实践之路，并且与政府、学术界、产业界保持密切的沟通交流。我们在 AI 治理方面

的工作可以总结为以下 4 点。

第一点，直面伦理挑战，探索新型解决方案。目前业界面临一些问题，包括 AI 决策过程中的人机控制权问题，以及 AI 使用过程中的 AI 采信度问题等，与此同时还涉及很多开放性问题，需要我们和伦理专家共同讨论，给出相应的解决方案。

第二点，应对立法挑战，贡献瑞莱智慧。人工智能作为一个新兴领域正在快速发展，立法空白的问题愈发凸显。人工智能立法是一个极具挑战性的问题。一方面，人工智能这一领域发展迅速，立法的滞后性也带来了全新的挑战。另一方面，人工智能作为新型技术，技术性强，因而立法更需要紧贴技术自身实践。在立法方面，我们将与法制专家及治理专家合作，贡献我们的思路，去构建更加具有实践性的立法以及相关的法规。

第三点，开展技术探索，以技术发展解决技术进步过程中产生的问题。人工智能安全需要关注隐私保护，依托何种技术能够助力实现数据确权？如何在确保数据安全的前提下，进行人工智能的训练和推理？为此，我们开发了自己的隐私计算技术，还开发了我们自己的隐私计算平台。针对如何提高 AI 可解释性、鲁棒性这一问题，我们提出了自己的 AI 安全系列算法及相应平台，建立了更加鲁棒的人工智能建模平台等。通过技术解决 AI 安全隐患，以技术攻克技术。

第四点，着重于技术实践，实现从伦理法规到技术实现的关键一步。在各类人工智能应用场景中，如何落实《中华人民共和国个人信息保护法》中个人信息使用的"最小必要"要求？如何开展《互联网信息服务算法推荐管理规定》中的科技伦理审查？这些问题对于技术实践落地具有关键意义。技术实践不单单是法律法规制度的落地，更需要区、市、县以及新技术、新产品和制度的结合。在技术实践方面，我们可以发挥技术和治理两方面共同参与的优势。

3. 探索产品化赋能 AI 行业安全发展之路，持续构建第三代人工智能

在发现风险和参与治理的基础上，要进行落地实践，即通过产品化赋能 AI 行业安全发展，构建安全、可靠、可信、可扩展的第三代人工智能。以互联网领域为例，互联网能够非常安全地服务于社会的方方面面，离不开大量互联网安全产业、公司、产品的保驾护航。人工智能与之类似，也需要专门的人工智能安全产品、安全基础设施来进一步巩固人工智能产业的蓬勃发展，才能让人工智能持续走在服务于人类、有益于人类的正确道路上。

　　为了实现构建第三代人工智能这一目标，我们的团队在 AI 基础设施层，围绕数据安全、算法可靠、应用可控三个主要的子目标，打造了一系列平台，包括隐私保护计算平台 RealSecure、人工智能安全平台 RealSafe、人脸 AI 安全防火墙 RealGuard、深度伪造内容检测平台 DeepReal 等。这些平台可以从基础设施层支持上层人工智能更加安全、可控地应用。基于这一基础，我们在应用层针对人工智能在政府、金融、企业等不同场景的应用，分别提出了人工智能安全解决方案。同时，我们也基于自身的安全能力，提出了更加安全的智慧政府、智慧金融、智慧企业的解决方案，从而让更加安全可靠的人工智能真正服务于产业。

四、人工智能安全领域产品实践

1. 企业级人工智能安全平台 RealSafe——AI 时代的杀毒软件

　　前面提到的人工智能安全问题，需要对应的产业和产品来解决。在互联网时代，如果用户需要提高网络安全，第一反应会是安装杀毒软件。在人工智能时代，我们的团队也在打造企业级的 AI 杀毒软件，即企业级人工智能安全平台 RealSafe。RealSafe 集成了市场主流及瑞莱智慧自主研发的一系列领先的 AI 对抗攻防技术，能够提供端到端的模型安全评测解决方案。

　　在模型安全评测方面，在将一个人脸识别算法或目标检测算法接入 RealSafe 之后，RealSafe 便可以进行自动模拟攻击，随后根据攻击结果形成评测报告，告知用户此模型的安全性和部分场景易错性，从而能够让用户更好地了解此模型的安全等级或者面临的安全风险。而在发现安全问题之后，针对不同隐患，RealSafe 也可以提出对应的防御解决方案，例如通过对抗样本检测等方式，让原本有漏洞的模型变得更加安全，从而能够更加安全地使用。同时，RealSafe 也提供了模型安全的态势感知，可以展示、检测任务风险信息，从而快速掌握整体安全态势。总之，通过 RealSafe，用户可以更好地了解和增强人工智能模型和人工智能产品应用的安全性。

2. 人脸 AI 安全防火墙 RealGuard

　　人脸 AI 安全防火墙 RealGuard 是专门针对人脸识别领域做全面加固的产品，能够有效防范新型攻击。RealGuard 其实借鉴了互联网安全防火墙的概念，它能够被加装到现有人脸识别模块之前，针对前面案例中提到的对抗样本攻击、深度伪造攻击等做出防御。当输入样本进入系统之后，先通过防火墙判断其中是否有攻击行为，若存在攻击行为，则直接拒绝样本输入并进行报警，而不会进入识别环节。只有防火墙认为安全的样本，才会被输出至后续的人脸识别模块，从而保证人脸识别的安全运转。目前，RealGuard 已被应用于大量的金融机构和政府机构，以保证关键场景下人脸识别的安全运转。

3. 深度伪造内容检测平台 DeepReal——打造火眼金睛

针对 AI 伪造内容的泛滥，瑞莱智慧也在打造识别 AI 伪造的"火眼金睛"，即深度伪造内容检测平台 DeepReal。DeepReal 支持对批量输入的图片和视频进行伪造检测，给出相应的检测结果。同时，DeepReal 还能够进行伪造方法溯源，告知用户伪造样本是基于哪种伪造方法生成的，并给出相应的解释性结果，增加检测结果的可信度。DeepReal 可以逐帧辨别视频中人脸的真伪。DeepReal 的应用可以更好地确保互联网上的信息的真实性，阻止不良信息的泛滥，同时防范产生后续风险。

4. 隐私保护计算平台 RealSecure——兼顾隐私和数据应用

针对隐私保护问题，瑞莱智慧打造了隐私保护计算平台 RealSecure，可以兼顾隐私和数据应用。一方面，我们专门针对人工智能应用复杂、多样化的特点，打造编译级隐私保护计算平台，旨在实现自动把传统 AI 算法编译成可以保护隐私的 AI 算法，大幅降低了隐私保护在 AI 场景应用落地的门槛，实现了隐私保护一键切换。另一方面，针对人工智能应用复杂、数据量大的特点，我们还在密码学、硬件方面进行了一系列优化和升级，让隐私计算能够真正支持大规模、大数据下的人工智能应用，在保障人工智能数据安全的同时，使其能够服务于大规模应用和场景。

人工智能安全领域任重而道远，我们仍需努力。

第 9 讲

可信 AI 技术与应用

聂再清
清华大学国强教授、智能产业研究院（AIR）首席研究员

一、前言：安全可信是人工智能治理的核心诉求

在数字化 3.0 时代，人们的生活越来越离不开人工智能，人工智能治理工作的重要性也愈发凸显，只有安全可信的人工智能技术和产品才能在人们的日常生活中被广泛使用。安全可信的人工智能技术和产品需要具备三个条件。

首先，人工智能技术和产品本身必须是安全可控的，应当具有能够抵御外界攻击的安全性，以及系统内部的可靠性。

其次，保护好数据资产和隐私。用于训练人工智能的数据是人工智能运行的基础，这些数据也必将成为机构和个人的核心资产。因此，如何保护数据的私有资产属性和用户隐私，是我们在可信人工智能方面必须关注的问题。

最后，人工智能应当是可解释的。为此，需要打开深度学习的"黑盒"，给用户提供一个能够理解的解释。

下面，我将基于自动驾驶和智慧医疗两个领域的应用，给大家解释我们在可信人工智能方面的工作。首先，我将介绍在自动驾驶领域，如何通过增加冗余度、增加更多的传感信号，提升 AI 系统的可靠性。其次，我将介绍在智慧医疗领域，如何利用联邦学习来做到数据可用不可见，做好数据的私有资产和用户隐私的保护。最后，我将介绍在智慧医疗领域，如何通过可解释的个性化推荐，帮助患者做好个人营养健康的主动管理。

二、人工智能安全性：车路协同感知

在自动驾驶领域，如何通过多传感器的协同感知来提升人工智能系统内部的

可靠性,从而提升人工智能的安全性呢?随着自动驾驶技术越来越成熟,车辆具备了不同程度的辅助驾驶功能,或者已经能够在特定路段实现全自动驾驶,但是 L5 级别完全自动驾驶仍面临巨大的安全挑战。自动驾驶系统需要应对复杂多变的场景,甚至是偶发的极端场景,因为极端场景会给自动驾驶的车辆、乘客以及周边环境带来安全隐患。例如,红绿灯遮挡、中远距离感知不稳定、盲区、前车突发变道插入等情况都可能由于感知信号的不完整,导致人工智能的决策失误,从而引发事故。

目前的自动驾驶方案以单车智能为主,学术界和产业界越来越认同通过车路协同来增加自动驾驶决策所需信息的冗余度,从而大幅提升自动驾驶系统的安全性。通过在路侧安装高精度的传感器,配合自动驾驶单车自身的传感器,能够在很多偶发情景下提供全局视角和更多的信息。2021 年,清华大学智能产业研究院联合百度 Apollo 发布的《面向自动驾驶的车路协同关键技术与展望》白皮书指出,车路协同感知能够大幅提升自动驾驶的安全性,在超视距跟驰情境下能够提升 1.6 倍的安全性,在换道冲突情境下能够提升 6.5 倍的安全性,在无保护左转情境下能够提升 10.8 倍的安全性。然而,尽管车路协同是一个具有很大潜力的提升自动驾驶安全性的方向,但是长期以来,学术界和产业界缺乏基于真实场景的数据集,主要原因是产、学、研之间的配合还不够紧密。2022 年 2 月,在北京市高级别自动驾驶示范区的大力支持下,清华大学智能产业研究院联合百度 Apollo 发布了全球首个车路协同自动驾驶数据集 DAIR-V2X,同时第一次提出了车路协同 3D 目标检测的任务。它在本质上是一个多传感器协同感知的问题,最主要的挑战来自车端传感器和路端传感器之间的时间不同步;而且在传感器两端之间需要进行实时的数据传输,因而也会受到时延的影响和带宽的限制。

我们在 CVPR 2022 会议上发表了一篇关于 DAIR-V2X 数据集和车路协同 3D 目标检测的论文,提出了基于时间补偿的后融合框架 TCLF。该框架能够有效缓解时间传感器不同步以及传输带宽限制的问题。我们基于这个数据集做了大量实验,发现车路协同相较于单车端或单路端都可以大幅提升 3D 目标检测的精度。在这个数据集发布以后,越来越多的科研人员开始使用这个数据集进行多传感器协同感知来提升安全性方面的研究。

三、数据资产和隐私保护:多中心联邦科研平台

医疗大数据是一个具有很大发展空间的领域,主要面临着数据孤岛和患者数据隐私保护的问题。数据在人工智能时代是每个机构的重要资产,构成了核心的

竞争壁垒，因此相关机构不可能把数据全部拿来无偿共享。同时，由于患者数据的隐私性，医疗健康领域的数据孤岛问题特别严重。

如何做到数据的"可用不可见"是当下值得重点思考的问题。现在已经有许多研究聚焦于面向隐私保护的机器学习，包括联邦学习、可信执行环境（Trusted Execution Environment，TEE）、差分隐私、同态加密、多方安全计算等。

我们在联邦学习的贡献感知方面做了许多工作。目前，我们正在研发一个多中心医疗联邦协作科研平台，以便为医院以及医生的科研和临床提供一站式机器学习服务。我们的目标是在解决数据单边样本不足和标签严重缺失的问题的同时，保障医疗隐私数据的安全性，并提高模型的泛化性和鲁棒性。公平和可解释的激励机制是多中心联邦协作科研的基础，在数据共享产业化落地阶段，参与方的主观意愿至关重要，激励是促进参与方积极参与的有效方式。因为联邦学习过程中数据不可见，所以构建公平、高效、可解释的激励机制是极具挑战的，也是有很大价值的。

夏普利值（Sharply Value）是一个计算联邦参与者之间利益分配和贡献大小的方案，按照参与者的贡献大小来评估如何分配利益，贡献越大，收益越多。如果能够实现这一方案，相关机构参与联邦学习的意愿就会强烈很多。但是因为这个方案需要对参与者的不同组合进行重复训练，计算不够高效，所以我们利用GTG Sharply 算法，基于模型重组来计算夏普利值，从而不需要每次都重新训练。我们同时还基于 Monte-Carlo 算法进行引导采样，大大提升了贡献度的计算效率。我们和医渡云合作，在 8 家医院进行了真实场景的验证，在肺炎、白血病等多个诊断任务中统计了 7 万余份病历，发现使用这一方案对联邦学习贡献度进行分析评估可以将原有方法提速至原来的 2.84 倍。同时，这一方案更是将准确度提升了 2.62%，使智慧医疗健康的产业应用得到显著提升。

四、可解释性：面向营养健康管理的可解释个性化推荐

在智慧医疗领域，如何通过可解释的个性化推荐帮助患者做好个人营养健康的主动管理？患者营养健康的主动管理是慢病管理的核心抓手，但是慢病管理面临的主要挑战是如何提升患者的依从性。当前的营养健康推荐更多是"迎合式"推荐，并未考虑推荐是否真正健康和适合。于是，清华大学智能产业研究院的助理研究员马为之老师开发出了面向营养健康管理的可解释的个性化推荐系统（如图 9-1 所示）。该系统能够充分考虑营养健康因素，避免做出迎合式的饮食推荐。

通过构造饮食异质信息网络，利用图卷积网络结合饮食知识图谱上的菜品关联与用户兴趣，并基于食品营养成分对菜品的营养进行建模，最终形成综合性的饮食健康评分。这个系统能够基于图谱提供可解释的推荐理由，兼顾透明性，融合用户偏好和营养健康，提高用户的依从性。

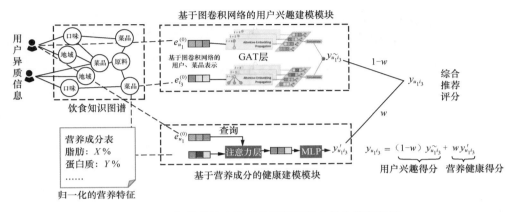

图 9-1　面向营养健康管理的可解释的个性化推荐系统

我们沿用知识图谱注意力网络（Knowledge Graph Attention Network，KGAT）方法，在以图谱为基础的异质信息网络上，利用结构信息计算用户对菜品的兴趣评分。在营养健康建模方面，利用菜品的营养成分（内容特征）计算用户的注意力分布，了解用户偏好。我们基于 FoodRecSys-V1 数据集进行验证，抓取来自饮食评分网站 Allrecipes 上的包含上百万用户、49 698 种菜品、38 131 种配料的近 380 万条用户评分记录。实验证明，我们提出的营养知识图谱注意力网络（Nutrition Knowledge Graph Attention Network，NKGAT）方法较传统的知识增强推荐方法 KGAT 在融合用户偏好和营养健康方面有显著提升。这意味着通过合理设置健康饮食用户画像，能够有效进行健康饮食的引导。

第 10 讲

圆桌对话：人工智能 治理技术

主持人：

孙茂松，欧洲科学院外籍院士、清华大学人工智能研究院常务副院长

嘉宾：

高文，中国工程院院士、鹏城实验室主任

聂再清，清华大学国强教授、智能产业研究院首席研究员

田天，瑞莱智慧（RealAI）公司联合创始人、首席执行官

孙茂松： 人工智能治理的理想状态是技术能够做到可知、可信、可控、可用，但现有技术和这一理想状态之间存在着巨大的鸿沟。那么，从技术的角度看，怎样才能够扬长避短？

高文： 现阶段很多技术还在发展过程中，如果过早要求哪些技术不能用，则可能会抑制技术本身的发展，但反过来，不管也不行。我觉得现在更多的还是应该从道德层面进行引导，防止技术的恶用，同时技术人员也要尽量开发出约束风险的工具。将它们二者结合起来会比较好。

聂再清： 我认为在创新和监管之间需要找到平衡。首先要保证能够创新，但是同时还不能让创新对生活产生破坏性的影响。我认为最好的办法就是把责任归结到个人。一切技术创新的背后都有一群人，这群人应该时刻保证这个工具是可控的。我们要把这个责任压实到技术背后的人身上，同时也需要社会上的集体监督。某个产品或技术发布后，要能够做到回滚或撤销它所产生的影响。

田天： 在技术可解释性方面，我认为需要将技术发展与相应的应用场景深度结合。在很多场景中，我们需要有一个更加可解释的 AI 模型，但在真正落地的时候，我们发现每个人想要的可解释性是不一样的。例如模型层面的可解释

性，研发人员会觉得已经做得很好了，但用户是看不懂的，用户需要的是一些案例的解释，甚至是通过类比的方式替代模型，所以我们可能需要有不同的可解释级别。

孙茂松：刚刚高文院士提到伦理层面的引导，其实有些伦理似乎是边界模糊的。例如"人工智能向善"，每个人的理解不尽相同。可能一家人工智能企业，就是按照其所理解的"向善"去设计各种产品，但也会无意地踏入一些触犯伦理问题的雷区。那么在目前这个阶段，为了将伦理准则嵌入人工智能产品的研发设计中，我们是否有必要尽量设计一部分可操作的具体规则？有些教育机构用摄像头来识别学生听讲的专注度，然后将结果向家长反馈，这是出于好心。但也有质疑的声音，说这样侵犯孩子的隐私，打击孩子的自尊心，或者让学生上课的时候假装认真听讲。

高文：我认为某种产品在投入市场后，当发现该产品给社会带来严重危害的时候，就应该要求产品提供者有"召回"该产品的义务。对于处于"灰色地带"的事项，需要区分这到底是开发者的责任，还是使用者的责任。如果开发者研发的一个系统有多种用途，只是被不当应用，并且后面开发者也发现这个应用越过了"红线"，其实我们应该给开发者设定一种保护机制，让开发者可以拒绝对这个系统继续提供支持维护，甚至可以去起诉。

田天：针对这个问题，我觉得目前还是要以鼓励为主。人工智能发展到现阶段，多多少少会涉及一些模糊地带，如果我们卡得太死，那么技术就没有办法进步了。我们一方面要去建立"红线"，比如在关于人工智能的滥用、造假、隐私泄露，甚至涉及国家安全、生命安全的领域，需要制定很清晰的惩罚规则。另一方面，对于处在模糊地带的事项，我个人希望能够留有更多的发展空间。2022年上海和深圳都颁布了人工智能产业促进发展条例，贯穿其中的就是鼓励和引导。例如对于政府或大型企业，在人工智能建设、采购过程中，未必要求所有产品都完全合规，但是对于更加合规或者在伦理方面表现更好的产品，可以优先予以考虑。这样的正向激励，我觉得会牵引这个行业往更加健康的方向发展。

聂再清：我认为可以借鉴医药领域的办法。比如研发出一款新药，它对人的影响是不可知的。我们要去做临床试验，找一些人进行试用。在试用期间，我们应该提出明确的考核标准，需要有基于数字化反馈的观察系统，然后逐渐推广。

孙茂松：我个人的观点是需要找到一个应用场景，将风险限定在一个闭环设计中，这样就不会出现很大的事故。我想到的另一个问题，就是这几年自动驾驶的出错率可能已经比人要低了，但是和人相比，往往人是在没法控制的复杂场景下出事故，而机器却在一些容易处理的情况下离奇地出事故。对于人工智能而言，并没有技术的高级与低级之分，只有见过和没见过之分。如果在历史数据中没有见过，那么可能一个很简单的人们通常能够避免的场景就出事了。这种情况我们是不是应该宽容？

聂再清：我认为首先在安全的层面，我们要更大幅度地降低交通出事率。如果未来实现自动驾驶全球化了，那么道路一定是适合自动驾驶的，就像火车轨道一样。这种情况下很少出事，因为有大量的传感器进行优化，包括对整个路段进行全局管控，可以保证事故率特别低。另外在可控的层面，这和可解释性是相关的。我觉得自动驾驶系统可以把它的决策用自然语言的方式告诉乘客，让乘客知道机器做这个决定背后的理由。在知道原因以后，乘客如果发现异常，则可以用语音方式马上参与决策过程。

高文：我认为现在的主要问题不是对机器太苛刻，而是弄清楚发生事故以后的责任主体是谁。传统驾驶的责任主体是很明确的，但是对于自动驾驶，很难判断应该把责任归给设计者、制造者还是车内的乘客。

田天：可能公众对很多人工智能技术应用的认知还是有一些偏差的，其实自动驾驶技术并非万无一失。我们现在使用的各式各样的技术产品也多多少少在一些特殊情况下存在安全隐患，因此公众对技术的理性认识是需要逐步去加强的。当然产生这个问题，也和产业界自身的宣传有关系，很多公司在推出新产品的时候都会进行包装，导致现在大家的期望有些过高。所以在这种情况下，我觉得产业界人士是需要有勇气主动去暴露一些问题的。比如，告诉大家产品的能力边界在哪儿，使用范围是什么，限定条件是什么。又比如，遇到了特殊天气，因此需要等到恢复正常再上路才能保证安全。我们还需要提前声明这种自动驾驶技术仅适用于限定路段、限定场景。公众在对风险有充分认知之后，如果自愿接受这个风险，就可以在新的场景下继续应用自动驾驶，但是需要自己担负责任。

孙茂松：这个问题确实非常复杂，可能需要在某种特定的应用场景中去分散风险，对于潜在风险要未雨绸缪。下一个问题和人工智能的国际合作有关。在公共场所的人脸识别技术应用中，各国对于在机场应用这项技术能够达成普遍共识，但对于在酒店中安装相应设备的态度就存在差异，这可能和各国文化对公共利益的理解有关系。那么，讨论这些差异，是否有助于各国之间彼此理解、赢得共识呢？

聂再清：的确，每个国家对人工智能的管理规定不大一样，各国文化对隐私的渴求程度也不一样。这确实需要因国情而异，我支持多讨论，多了解对方。

高文：我认为国际合作有两个方面的意义。一是我们本身需要理解各国在文化和理念上的差异，不同地区对利益保护的优先次序是不一样的，例如公共安全和隐私之间的优先级。二是从产品出口的角度来看，如果不了解国外的特殊要求，则很可能会因为达不到标准而断掉这条道路。

田天： 人工智能的国际合作和治理还是要求同存异。中国会有自己的合规的、符合伦理的方案，美欧国家在重点发展的领域也会有它们的方案，通过沟通或分享是可以在更大范围形成共识的。这里面不仅仅存在于理念层面，更多可能在于一些产品层面的交流。其实现在很多研发技术的大型公司是有跨国属性的。

孙茂松： 西方的道德观和我们是不一样的，西方注重个人主义，东方注重集体主义，这些没有优劣之分，只是文化传统差异使然。我非常同意大家的观点，我们需要在积极交流中取得共识，形成人工智能国际治理的全球共同体。下一个想和各位老师讨论的问题是，我们如何针对人工智能行业提供更好的服务，实现其中的商业价值和社会价值。

田天： 人工智能的发展是一个很复杂的问题，涉及多方主体，每个环节的要求是不一样的。比如在产品研制环节，一方面是产品的性能，对算法准确率等指标的要求越来越高；另一方面是产品安全，要求产品在受到攻击的情况下不能出错，要防范各种恶意的攻击；同时还有合规层面，要防范技术滥用等问题。这些是不同维度的要求。对于人工智能的研究单位或厂商来说，我们希望方方面面做到完美，这是一个过高的要求。对于人工智能产业来说，需要针对每个环节进行相应的分工。比如研发产品的公司更多关注产品自身性能的优化，负责安全的公司的重点则是为人工智能系统保驾护航。整个流程可以由不同的角色共同完成，需要一定程度的解耦，大家各司其职。

聂再清： 我觉得技术和产品在发展初期和鼎盛时期是不大一样的，安全可信的要求可能导致初期的发展速度变慢，但是当产品进入鼎盛时期，风险就必须做到可控。

现场观众提问： 人类要求 AI 具备可解释性，但人类自身的决策是不可解释的，为什么要求 AI 有可解释性？

孙茂松： 如果人工智能的决策可以永远正确，那么不需要有可解释性，照做就可以了。正因为人工智能会出现错误，所以才需要有可解释性。

高文： 可解释性是指人工智能模型的参数有明确的物理意义，参数是用数据训练出来的。比如某个参数到底是 0.5 还是 0.8？为什么 0.8 就通过了，0.5 就通不过？没有人能够说得清楚。

聂再清： 除了模型参数，我觉得推荐某种方案的理由也是可解释性的一部分。比如，为什么推荐用户每天吃这道菜，其实人们最需要的就是知道为什么要这样做。如果我们自己做决定，就不需要任何解释。但是在我们自己没有考虑好的情况下，由作为助手的机器做决定，我们就需要机器给出解释。

现场观众提问：ChatGPT 在回答什么是优秀的科学家时，代码里面写的要素是白人。人类自身的偏见和歧视被写进代码，造成 AI 的偏见与歧视，我们应该怎么规避？

高文：ChatGPT 是用数据训练出来的，它给出的答案到底为什么会是这样，机器自己也不知道。ChatGPT 回答优秀科学家是白人，因为统计上可能白人科学家占比较大，这个结论并不是错的。我觉得可以考虑向社会进行教育，说明这是一个技术问题，而不是偏见。

田天：我快速地试了一下 ChatGPT，问了相同的问题，ChatGPT 给出的答案是比较正常的，认为科学家需要勤奋、有创造力等。这个答案也是比较随机的，我觉得不应该把这个问题过分拔高，上升到种族歧视的层面。

聂再清：ChatGPT 在本质上是基于统计的语言模型，具体到解决"科学家是不是白人"这个问题，主要还是训练数据的问题。可能现有的数据有一些偏差，需要在源头上解决数据的问题。

孙茂松：我非常同意几位老师的观点，现在技术的发展还不是很成熟，我们不应该过多苛求模型的完美，而应该把它当作技术发展过程中的一个形态。如果机器给出的答案不准确，我们也不要一棒子打死。

现场观众提问：数据隐私保护的责任目前主要由平台承担，那么未来可否由平台和用户共同承担？例如，用户也会选择主动透露一些隐私数据来实现隐私和功能的平衡。

田天：我觉得这取决于数据的控制权在哪儿。如果数据存储在平台上，平台具有完全的控制权，平台可以在没有用户授权的情况下用数据训练各种各样的模型，甚至传输给第三方，那么在这种用户不知情的情况下，只能由平台来承担责任。但是对于新兴的隐私计算、区块链技术，用户自身能够对数据有一定的控制权。虽然数据存储在平台上，但必须得到用户的授权才能使用。这其实是控制权的转换，或者说共享控制权的过程。在这种情况下，如果出现泄密，那么用户自身一定是有责任的。

聂再清：在 Web 2.0 模式下，用户的数据归属于平台，平台可以直接使用。而在 Web 3.0 模式下，用户的数据由自己掌握，这是未来不可逆转的趋势。特别是对于健康医疗这些数据，患者希望自己掌握密钥，自主决定信息的使用方式，比如是否可以贡献出去用于新药的研发。

主论坛 III

元宇宙助力
高质量发展
与可持续未来

第 11 讲

走出中国的元宇宙道路

郭毅可

英国皇家工程院院士、香港科技大学首席副校长

在谈论元宇宙之前，我们首先需要把元宇宙的概念和内涵搞清楚。维基百科上的元宇宙定义包括几个关键词。第一，互联网。元宇宙是下一代互联网的新架构。第二，价值网络。也就是说，元宇宙能实现区域组织。第三，数据资产。第四，建立虚拟组织。其中最重要的是，元宇宙是下一代互联网的新架构，在这个架构上，可以实现数据经济、虚拟的组织以及新的内容体系。所谓的元宇宙，就是在新的互联网架构下，实现跟物理世界平行的虚拟空间。

新冠疫情加快了元宇宙的到来。新冠疫情使人们对互联网的依赖程度和互联网能力的发展程度有了新的看法。第一，人类进入了所谓的零距离时代。互联网使得世界上的每一个人在任何时候、任何地点，能够跟任何人建立一个非常完整的联系，包括视觉上和听觉上的联系。这样的一种联系，使得个人可以在网络上成为一个分布的社会单元。而因为新冠疫情，人类在很大程度上进入了社会的封闭状态。在这种情况下，人与人的交流只能通过网络来进行。网络可以实现分布式的社会单元组织，还可以进行经济活动。由于经济活动中的数据和数据资本极为重要，网络上形成了一个虚拟的、跟物理世界相对应的世界，那就是所谓的元宇宙的基本概念。

而人工智能的发展，使得人们在网络上的虚拟体有了智能，可以实现真正的、智能化的虚拟世界。这些都是全球性疫情带来的新现实。

人与人之间的距离与文明的发展有紧密的关系。如图 11-1 所示，大约公元前 4500 年，人类发明了轮子，它使得人类走出了山洞，形成了乡村、农业文明。第一次工业革命后，人类有了蒸汽机。蒸汽机刚开始发明的时候被用于纺织业，但蒸汽机最大的用途是交通工具，有了蒸汽机就有了火车、轮船，人类交流达到了空前方便的程度。这就形成了城市，形成了企业、工业群，有了工业文明。

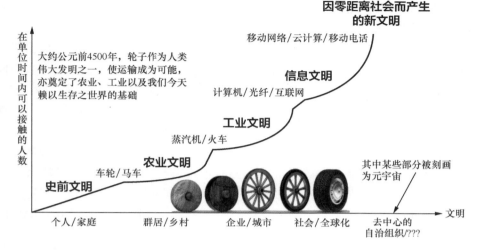

图 11-1　人与人之间的距离与文明的关系图

　　再一次缩短人与人之间可及距离的是什么？是互联网。互联网使得人与人之间的交流更加方便，使得我们彼此的连接更加紧密、更加容易。现在，互联网、云计算融合在一起，我们进入了零距离时代，每一个人和另一个人在任何一个时间、任何一个地点，都可以建立非常逼真的联系。这就是今天人类文明的特点。在这种情况下，社会结构、经济结构发生的变化，才是元宇宙最重要的意义。

　　相较于元宇宙，零距离社会是一个比较好理解的概念。零距离社会有哪些特点？第一个特点是组织的去中心化。现在，人们在网上可以非常方便地建立一个组织，比如，线上的会议就是简单的有生命时间段的小组织，有了讲座、讲者、听众、组织者，网上立刻可以建立。最重要的一点，这样建立起来的组织不同于传统组织那样有领导和服从者，组织里所有的权利，根据所有的资源，通过智能合约进行分配。第二个特点是数据资本，人们在网络上建立的价值实际是通过数据资产来实现的。第三个特点是网络上的虚拟世界和现实生活中物理世界的对应、融合、同构，已经显得非常现实。最后一个特点是虚拟世界。如果让虚拟世界存在虚拟体，具有人一样的智能的话，就可以真正实现人机共生的社会。

　　组织的去中心化是使用区块链来实现的。区块链的重要特点是可以形成组织，组织里的架构分配、产权拥有、经济行为、组织行为等，都是通过智能合约来定义的。每个成员的权利、属性则通过所谓的权证来定义。这样就可以形成一个非常完整的、社会单元的界定。这个界定可以在网上直接实现，而且有生命期。整个组织的运作范围、运营逻辑，都通过智能合约来实现。想象一下，我们可以随时在网上建立学校、医院、商业行为或社会单元。最重要的就是网上的社会体，它的核心是什么？答案是区块链。第一，区块链可以界定真正的数据资产产权和分配原则。第二，智能合约能够定义一个组织逻辑。第三，每一个人的权利，包括贡献的权利和享受分配的权利，都需要用权证来界定。比特币是 DAO（Decentralized Autonomous Organization，去中心的自治组织）的雏形，DAO 真正的意义远远超过数字货币。

大数据已经有十几年的历史，人们都知道数据的价值，但不知道数据怎么交易，不能够实现数据的资本化，因为数据不能确权。而现在因为区块链的出现，这些都已经可以成功解决。数据从资产走向了资本化，有了属性，界定了所有权，就可以交换。数字化交易也是新一代互联网，所谓的 NFT（Non-Fungible Token，非同质化通证），就是交易数据化的资产。

数据资产的特殊属性是非竞争性。数据的复制没有限制，商品不好，没有竞争性，消费者的购买意愿就低。区块链使这个问题得到了解决，数据资产只能用一次，且只能拥有一次。这解决了非竞争性的问题，数据资产有了存在的基本条件。

区块链可以实现数据经济的核心体系，实现数据资产的价值，还可以进行交换，解决非竞争性的问题。对虚拟组织来说，不需要信任就可以建立一个团体，还可以利用智能合约建立一个运营的商业逻辑，这些都是区块链赋予的，所以区块链是数字经济的核心技术。

对于元宇宙，一种通俗的理解，就是戴上眼镜可以看到一个虚拟世界。但是这样的理解还比较肤浅，虚拟化当然存在，但虚拟化不是戴上眼镜就能看到跟实际不一样的世界。这里的虚拟化，指的是网络上存在的跟物理世界平行的另一个世界。网上的内容可以用 3D 的形式看到不一样的现实。因为人 80% 的感知是通过眼睛获得的，可以改变感知。但这不是元宇宙的本质，它只是一个中间的实现形式，可以用于游戏，也可以用于很多行为艺术等。

真正有意义的是人工智能，原来的虚拟物体可以表示为一个智能体，但它没有人的智能。如果智能体的智能跟人一样的话，人类的虚拟世界就丰富多彩了。因此，人工智能对于元宇宙的发展有非常大的影响。这个智能体要像人一样思考、聆听、观看、交谈。这些都对应人工智能中的计算机视觉、语音识别、语音合成等。

这些发展，使得我们能够把虚拟化和人工智能相结合，产生一个非常重要的概念——数字孪生。数字孪生原本是工业互联网领域的概念。我以前在德国看到宝马公司在生产汽车的时候，不用做实体汽车，而是对数字孪生体做各种研究。同理，我们也可以对人做数字孪生。例如，可以把运动员的整个行为数字化，产生数字化的人，研究它的肌腱，这是人工智能和虚拟化的合成，这就使得网络上的智能体越来越像现实中的人。这些研究已经改变了今天互联网上内容的特点，比如可以合成一个音乐家，它的声音数据集使得在网上可以有完全虚拟的音乐家模型。

网上各种各样智能化内容的存在，形成了一个非常丰富的数据资产。这个数据资产怎么交易？于是出现了 NFT。NFT 实际上相当于权证，非常好的应用就是艺术品，花也好，音乐也好，网上的交易通过什么来进行？通过 NFT。

在此基础上，人类就可以形成完整的实践。元宇宙强调很多虚拟化，虚拟化的概念千万不要仅仅理解为戴着一个眼镜，而是对零距离的实现。网络实现距离的虚拟化，区块链实现虚拟化的现实环境，数字孪生则实现网络上的生命体。

这些技术都建立在互联网基础架构的改变之上，这个架构就是 Web 3.0。未来的网络必须形成分布式组织，必须支持数据交易，必须能够制造智能化的虚拟体，还必须能够对现实世界有虚拟体现——这就是现在的 Web 3.0。

过去最早的 Web 1.0 是只读的，Web 2.0 改变了 Web 1.0 的这个特点，可以把 Web 看成一个很大的数据库，可读、可写，可以做更多东西，并且能形成各种各样的服务。比方网上购物、网上银行，实际实现的是服务世界。Web 3.0 不太一样，其本质是交易，形成组织，建立上面的资产，并且进行交易，建立属性以及各种各样的商业逻辑。这是 Web 3.0 的特点。Web 3.0 还不是那么完整，正在发展。实际上，Web 3.0 才是元宇宙真正的技术基础。

总结一下，元宇宙就是在 Web 3.0 上构建零距离社会。这里面有三个基本的要素：去中心化、人工智能和虚拟化。它们的结合就形成了元宇宙的框架。去中心化和人工智能的结合，使得社会更加结合在一起；虚拟化和人工智能的结合，形成了数字孪生。现在强调比较多的虚拟化和游戏，都是元宇宙的整体轮廓。

艺术表现人性，在今天的元宇宙环境下，有很多的发展方向。通过元宇宙，艺术家能在沉浸式环境下形成新的艺术表达。比如共情艺术，未来网络环境中可以实现分布式表演，而且演员和观众都没有严格的界定，观众可以参与演员的工作，这得益于整个虚拟化的舞台环境。香港浸会大学组织了一支图灵交响乐团，这是世界上第一支由 AI 和人一起组成的交响乐团。同时很重要的一点在于，元宇宙没有严格的组织环境，它是分布式的，是全世界范围内艺术家和计算机科学家的一个合作体。这个合作体做什么？就是进行艺术创造，用智能合约定义每一个人创作的工业环境，同时共同生产艺术作品，共同拥有知识产权，并共同分享知识产权。在这里面，人们有各种各样的表现形式，比如这里有一个艺术作品，一首歌，一首音乐，人们可以购买这个产品，用 NFT 发行。这样就可以做到非常好的艺术形式，也可以生成电影，生成各种各样的艺术风格。这样就可以实现全球范围内的音乐艺术化，还可以在上面进行各种社会计算，研究知识产权的分配、伦理，研究怎样保证艺术作品能有很好的社会性，等等。

最后，中国推动元宇宙的发展，要坚持自己的道路，要有自己的话语权，不能人云亦云，要借助目前的优势构造零距离社会的奇迹，研究经济生态，建立零距离社会下数据经济的技术基础。

第12讲

元宇宙发展研究报告

沈阳

清华大学新闻学院教授、元宇宙文化实验室主任

这一讲介绍元宇宙的发展情况，核心逻辑是由当下到未来、由虚拟到现实，以及由中国到世界。

党的二十大报告指出，我们要为全面建设社会主义现代化国家、全面推进中华民族伟大复兴而团结奋斗。党的二十大报告中提到了网络强国、数字中国以及数字经济和实体经济之间的深度融合，这就需要进一步增强消费对经济发展的基础性作用。党的二十大报告中还提到要加强全媒体传播体系建设，贯彻总体国家安全观，这些观点都对发展中国的元宇宙具有很强的指导意义。

元宇宙的定义可以概括为三个"三"：三维化的时空互联网、三元化的多感官通感的体验互联网、三权化的价值互联网。三元化指的是任何一个自然界的生物和事物都有自然形态、虚拟形态、机器形态这三种形态。三权化指的是 Web 1.0 的可读权、Web 2.0 的可写权、Web 3.0 的可拥有权这三种权利。中国的元宇宙是无限向实、无尽向虚、虚实相融、虚实共生的。

在元宇宙里面，我们可以回到过去，用虚拟人回到小时候的一个场景，这个场景可以由人工智能来构建；也可以在未来几十年之后，在小孩子刚出生的时候，就在他的眼皮上安装时空数据收集器，把他一睁眼看到整个世界的时空数据建模起来。所以在元宇宙里面，我们可以回到过去，也可以走向未来。元宇宙本身是对时空、体验、价值的连接，而互联网是对移动的连接，移动互联网是对人际关系的连接，元宇宙把真实世界中每一个时空的点给智能化了，可以叫作时空智能或智能时空。

在元宇宙中，人们可以拥有很多分身、分境和分位。元宇宙有超现实场景，也有在真实世界中做不了的事，比如穿一件用火或用水做的衣服，在把真实世界模拟到元宇宙中时，仿真成本很低。人们可以做现实中做不了的事，比如在元宇

宙世界扮演警察抓小偷。元宇宙世界目前有几件大事。第一，Omniverse 公司上市的时候说自己是元宇宙公司。第二，美国军方花了 219 亿美金购买了微软公司的混合现实装备。第三，Facebook 改名为 Meta。第四，微软公司花 687 亿美金收购暴雪公司。第五，特斯拉推出人形机器人。第六，不断有基于新技术的 VR 头盔以及新一代 AR 眼镜推出。除此之外，还有一个比较重大的事件，就是苹果公司的 VR 设备或 XR 设备即将发布。

目前全世界学术界，已经对元宇宙高度关注。比如斯坦福大学、沃顿商学院、清华大学都开设了元宇宙的课程，东京大学和南京信息工程大学甚至开设了元宇宙专业。

元宇宙涉及非常多的学科。比如王昌龄的诗歌研究，王昌龄在唐代的时候提到，诗歌的境界有三种——物境、情境和意境。物境是数字孪生，情境是人景共情，意境是达到人景共生之美。人工智能自动生成元宇宙，这是未来的方向。人工智能已经能够自动生成文字、图片、聊天对话的内容，还能够自动生成蛋白质的结构。未来，人工智能在元宇宙中的应用范围将越来越广。

元宇宙跟电影也有非常密切的联系，想了解元宇宙，看影视剧作是一个非常简易的入口。元宇宙直播带来了一种情感温室效应，人工智能在手机端解决的是个人阅读兴趣，满足不同人的阅读偏好。在元宇宙里面，人工智能满足的是人类情感的温暖需求，所以它实际给我们建构了一个情感温室，这个概念跟信息茧房对应。

对于元宇宙，国务院总理李强曾谈到，要加快发展直接面向消费者的元宇宙终端产品。中共中央政治局常委蔡奇也谈到，元宇宙是一片蓝海和新一代信息技术的集成。第十三届全国政协副主席万钢谈到，要走出一条有中国特色的元宇宙发展路径。2022 年 10 月，工业和信息化部、教育部、文化和旅游部、国家广播电视总局、国家体育总局五部门联合印发《虚拟现实与行业应用融合发展行动计划（2022—2026 年）》，提出到 2026 年，元宇宙总规模要达到 3500 亿元人民币，终端销售要达到 2500 万台，目前中国在文旅、教育、党建领域有很好的发展势头。在这里面，元宇宙主要包括六大模块——人、货、场、器、境、艺。

人就是虚拟人，这里是通过照片生成三维实体机器人形象。生成三维实体机器人的难度还是非常大的，从行走的平衡到手部动作，再到大脑以及表情，都非常具有技术挑战性。我们团队初步做了一个自然人、虚拟人、机器人三元一体的引擎，能够初步地使用。这是我们团队目前在做的虚拟人情况。我们的机器人有虚拟生命形态，有自然生命形态，有机器生命形态。在这方面，国内目前主流媒体介入比较多。

在场方面，可以把原空间的不同场域整合起来，我们团队是对旅游景点进行不同的整合，形成整个的宇宙空间搭建。

器就是器具，VR、AI特别强调的技术就是虹膜识别、体态识别、手势识别、近眼交互、眼球关注点追踪。这些技术的混合使用，实际上使得元宇宙装备的复杂度比手机高一个量级，所以对于元宇宙装备的发展，我们需要有更大的耐心。

境，也就是现实世界的元宇宙，很值得我们关注。还有就是艺，使用元宇宙装备需要很多技能，比如在元宇宙里面弹空气吉他，在我们现在的团队中，有个博士就弹得比较好，他还可以在元宇宙里面打高尔夫。我们在元宇宙里面可以做的事非常多，这块也将是未来的热点。元宇宙可以用于党建、工业、游戏、消费、零售、电商、营销、文化、社交、传媒、出版、教育、校园、技能培训、广告、企业、招聘、会展、旅游、天然元宇宙。天然元宇宙的目标是让每个家庭的亲人可以还原成虚拟的或实体化的机器人，然后交互内容跟家庭相关，我最近希望把我的奶奶还原成虚拟人，这是我们团队最近正在做的事情。我们团队还做了婚庆元宇宙、祭祀元宇宙。医疗元宇宙也有一些应用，还有酒业元宇宙、临床元宇宙等。元宇宙治理体系在今天很重要，元宇宙作为治理对象和治理工具有两条路径，我们需要防范元宇宙带来的过度沉迷，以及技术方面继续被国外"卡脖子"等问题。

未来，我们整个人类将形成由表及里，以人为中心的人因工程的智能进化，太空中有星链、互联网，天空中有无人机，地面上有无人驾驶汽车，家里面有人形机器人和元宇宙装备。我们个体体内应该在未来嵌入传感器芯片，这当然会造成大遮蔽，比如人跟人之间的交流，可能未来会以虚拟人和机器人作为中介体，机器人将会代替真实世界的劳动力，虚拟人将会代替虚拟世界的网红。元宇宙从目前的第一阶段——伪元宇宙、准元宇宙，将逐步进化为三维的雏形元宇宙。当我们做完了三元和三权，就到了标准的元宇宙；如果能够满足六觉六识，就到了完备的元宇宙；如果能够实现脑机接口，就到了高超元宇宙；而如果能够做到核聚变、AI觉醒、量子计算、长生慢老等，我们就到了终极的元宇宙。所有这一切都要依赖算力、算法和算据（即数据）。

第 13 讲

元宇宙与标准化

马忻

IEEE 元宇宙标委会秘书长、IEEE 元宇宙标准工作组主席

电气电子工程师学会（Institute of Electrical and Electronics Engineers，IEEE）是现在世界上最大的专业组织，目前有 42 万多名会员，分布在全世界的 170 多个国家和地区。IEEE 每年会举办 1900 多个会议和研讨会，其中元宇宙方面的有国际计算机视觉与模式识别会议（Conference on Computer Vision and Pattern Recognition，简称 CVPR）等，这是一个很著名的连续举办了十几年的会议。在出版物方面，IEEE 的 Xplore 图书馆，现在已经有 500 多万份文件。电子电气、电信领域引用指数排名前 20 的期刊中，有 17 种期刊属于 IEEE。IEEE 还是世界三大标准组织之一。

IEEE 标准协会主席袁昱博士对元宇宙的定义是，关于外界的、用户感知的、在数字技术上的宇宙体验。这个宇宙可以是当下宇宙、不同宇宙的虚拟现实；也可以是当下宇宙的一种数字扩展，也就是增强现实；还可以是当下宇宙的数字对立物的数字孪生。元宇宙既然以宇宙命名，就必须是持久的，且应该是巨大的、沉浸的、自洽的、全面的。此外，元宇宙还应该是逼真的、易用的、泛在的，且是去中心化的。元宇宙可以简单定义为存在的虚拟现实。广义上，元宇宙是数字化转型的高级阶段和长期愿景。如图 13-1 所示，我们可以把元宇宙分为 2.5 个核心技术和 5 个支持技术。

第一个核心技术是感知 / 行动，这主要体现于一些界面，比如人机接口、脑机接口。目前的界面是头显（头戴式显示设备的简称），最终的元宇宙则会建立在脑机接口之上。第二个核心技术是持续的虚拟世界，这是 2022 年比较火的话题，其中涉及虚拟物品、虚拟角色等内容的生成和建模。2022 年下半年，生成式人工智能（Artificial Intelligence Generated Content，AIGC）有非常大的发展，例如 ChatGPT。英伟达开发的根据描述生成 3D 内容的平台，以及 AI 作图，都

有能力持续推动虚拟世界的发展。还有半个核心技术是数字金融/经济。在数字资产、数字经济层面，未来很可能是去中心化的元宇宙。目前元宇宙在应用方面有一些问题，包括炒作和监管的问题。未来具体是去中心化还是中心化，因为混合性质尚不明朗，所以我们把它定义为半个核心技术。元宇宙的5个支持技术分别是算力、存储、通信、数据、智能。

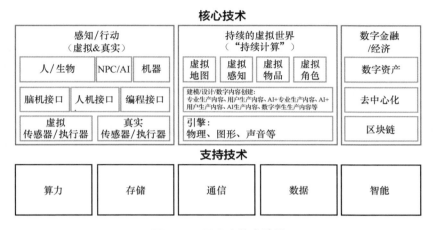

图 13-1 元宇宙技术地图

元宇宙的技术挑战，首先在于需要更好的用户接口，比如语音操作解放我们的双手。脑机接口则是终极方案。要解决宕机和系统延迟，就需要在通信方面有更大的发展，包括互操作性，虚拟世界之间、元宇宙之间需要通过标准化连接起来，使得3D建模和卷积视频展示效果更好、价格更便宜。要让每个人都可以创造内容，在空间和地理的数据获取上更加便捷，实现更低的能源消耗。人类和互联网进行互动，大部分需要通过标准化推动发展。

IEEE元宇宙大会系列分会希望能提供元宇宙全球视野，同时希望助力中国在元宇宙方面的发展。2022年11月9日凌晨，IEEE元宇宙与超越的论坛内容发布，一些元宇宙精准计算方面的公司，包括高通公司的代表，都做了非常精彩的演讲。论坛从第一场到现在，都实行了这样的模式，第一场是国际化论坛，第二场放在国内。目前的很多论坛放在线上，但希望以后能够更多地在线下跟大家交流。

2022年9月，原来2016年成立的IEEE虚拟现实与增强现实标准委员会更名为现在的元宇宙标准委员会（简称元宇宙标委会）。主要考虑到现在技术的发展非常快，原来虚拟现实和增强现实部分可能不太适合目前的元宇宙发展，所以我们就向 IEEE 提交了改名的申请。很荣幸最终获批了，这也是国际标准组织中第一个在技术委员会级别以元宇宙命名的委员会，希望这个委员会能产出更多的标准以指导实践。

目前有下面几个标准正在开发。首先是 P2048 元宇宙术语和分类。元宇宙还处于早期阶段，所以存在很多的炒作和误解。比如在自动驾驶方面，大家对 L1 ~ L5 的自动驾驶级别就能有非常清晰的认识，而通过这个标准，能让大家对元宇宙发展阶段有一个更好的认识。其次是 7018、7016.1 和 7000 标准，关于伦理道德，希望元宇宙不要是反乌托邦式的。现在有两个标准正在开发，包括道德的设计和操作。2022 年 12 月份获批的 3812.1 标准满足了一些身份认证方面的需求。除了几个正在开发的标准，还有两个生成标准、白皮书的计划，包括知识计算技术计划和去中心化元宇宙计划，它们都在 2022 年 10 月份获批。

我们正在和 IEEE-ISTO（IEEE 产业标准和技术组织）展开合作，筹建元宇宙加速与可持续发展联盟，让标准制定得更快。IEEE 制定标准，相应流程比较多、比较慢，对于元宇宙这样快速发展的技术来说，应该有更快的方式产生标准。另外，这些参考实践、试点也能够更快落地，包括知识产权的合作、运营、诉权以及元宇宙产业形象的建立。

第14讲

元宇宙高质量发展之路

田丰

商汤智能产业研究院院长

元宇宙的基础是人工智能，人工智能已经进入社会生活的方方面面，同时也带来了大量价值和伦理方面的问题。如果把元宇宙看成一个经济体系、智能社会的缩影的话，则里面有三类方向。第一类是 AI 用于产业。人工智能和数字孪生等工业元宇宙技术可以为我国锂电池行业的 80 多种设备和 6 个产能基地进行锂电池智能质检及缺陷检测，包括电池包安全监控等，这实际是产业价值。第二类是 AI 用于艺术。图 14-1 是我用 AI 工具做的两张图，一张是潇洒的少年，另一张是闪电下的高耸的山峰。AI 绘图可以为元宇宙生成内容。第三类是 AI 用于科技。目前商汤科技用人工智能和元素驱动合作开展"合成生物学"。其中有很多跨领域基础科研的价值，所以元宇宙背后是人工智能在驱动。

图 14-1　AI 生成的图片

ChatGPT 最近非常火，可以用工具生成文字、小说或者图片。《无敌破坏王》《玩具总动员》的导演约翰·拉塞特说过，"艺术挑战技术，技术启发艺术"。人工智能和元宇宙现在就处于这个阶段。在今天的 AIGC 领域，人们可以看到浮在水面上的各种各样的应用，代码、图像、演讲稿、视频、3D 生成等，水面下则是大模型，大规模推动了这一代 AIGC 的繁荣，可以称作单点突破。展望未来，一开始产生的 AIGC、ChatGPT，再到代码、图像、视频，甚至给出设计的关键词就可以生成小型元宇宙空间。预计到 2030 年，用 AI 可以生成小型元宇宙或视频游戏。不管是剧情还是剧情里面的人物，抑或效果，全都由 AI 生成，我们将迎来一个"盗梦空间"时代。

中国正在进入元宇宙政策红利期，党的二十大之后，工业和信息化部、教育部、文化和旅游部、国家广播电视总局、国家体育总局五部门联合印发了《虚拟现实与行业应用融合发展行动计划（2022—2026 年）》，指出中国以实业为主体的发展路径，首先是工业生产，然后是政策驱动文化旅游、传媒等产业的大发展。而促发展的同时要保底线。比如，中共中央办公厅，国务院办公厅印发了《关于加强科技伦理治理的意见》，明确提出了要健全科技伦理治理体制、强化科技伦理治理制度保障、强化科技伦理审查和监管、深入开展科技伦理教育和宣传等。这些都是元宇宙发展所必须遵守的底线。

举例来看，现在的 ChatGPT，人们认为它知无不言，但是它也需要有价值观。ChatGPT 好的方面是可以为程序员找 Bug，甚至自动生成一些简单的程序。但另一方面，ChatGPT 的底线还是不够高，如果让它写一个关于怎么毁灭人类的小说，它将会试图找到高效地毁灭人类的方法。这既带给作家一些灵感，也会给一些别有用心之人提供参考和助力。因此，元宇宙的伦理规范是必不可少的。

乔布斯说我们正站在科技、艺术与人文的十字路口。科技需要伦理，伦理来自很多艺术和人文，同样也会创造艺术和人文。科技定义了每个时代的基本特征，但仍然离不开人文方面的价值观。

我们的这份报告提出了元宇宙的九大伦理风险和应对措施。第一，大家过分沉溺于虚拟世界，尤其老龄化社会之下，人类的生产力将会受到很大的影响。第二，如果用来训练的语料库有负面价值观的话，虚拟的偶像就有可能产生负面引导。第三，违反道德底线，或者进行一些诱导，都会产生风险。第四，数字替身作恶。第五，深度伪造如果没有经过授权而被用于不良场景，就会产生一些恶性事件。第六，数字人背后的元宇宙从业者也面临生存困境或者不公平的对待。第七，文字互联网中存在的网络暴力会不会也存在于沉浸式的元宇宙里面，而这对精神的伤害更大。第八，数据隐私泄露。第九，资本控制与金融，严防元宇宙突破金融底线。为了应对这些风险，商汤科技提出了自己的三步走战略。第一步，加强伦理委员会组织的建设，这是组织保障。第二步，进行全球伦理治理研究。

商汤科技通过科技促进可持续发展目标联盟，收集全球的风险事件。第三步，加强伦理治理的生态合作，引入大量多元化价值观的法律专家、外国智库、高校，包括新加坡国立大学、日本神户大学、上海交通大学、清华大学等。

风险严控可以产生什么样的价值呢？第一是工业元宇宙的案例，利用商汤科技的火星混合现实引擎做数字孪生工厂，针对人机料法环 +AI 形成更优的生产节拍和工厂效率，同时保证安全。第二是文旅方面的案例，把元宇宙入口放到 AI 自动驾驶的巴士上面，就可以在乘坐巴士时看到大量元宇宙建筑入口。这项服务被称为可阅读的智能巴士。我们在移动元宇宙入口可以看到大量城市的数字特效，再将穿越时空的文化内容放入移动元宇宙入口，也就是巴士上，人们就可以戴着 AR 眼镜步行在任意城市。第三是电商和线下零售场景，新冠疫情时期，不方便接触或者摘口罩，我们可以通过线上 AR 试装、试表、试穿，产生更好的商业丝滑般的消费体验，以弥补我们线上消费的不足。线下消费的口红、指甲油，如果不愿意涂到自己身上，则可以用 AR 效果随身叠加，只需要一个手机摄像头就可以实现。第四是城市元宇宙的案例，很多城市都有非常悠久的历史，将时空叠加到 AR 眼镜，就可以在类真实环境中游览，体会到各种各样的历史文化方面的导引。第五是文博和教育元宇宙的案例，当小朋友或青少年戴上 AR 眼镜之后，通过将各种各样的古生物直接代入博物馆有限的空间里，就可以使他们有沉浸式的体验。利用这种方法，我们甚至可以了解很多古代的文物或乐器怎么运转，比如在空中做 AR 效果的千年前的编钟，真正通过 AR 特效演奏出古乐，这些都是元宇宙给我们带来的消费体验。

第15讲

阿里云数字孪生助力
行业智能化创新

张辉
阿里云资深技术总监

提到数字孪生，免不了谈论数字孪生六级模型，这是目前业界比较公认的模型，阿里云多年来的产业实践也遵循这个模型。根据应用落地的阶段，可以把数字孪生划分成 L1 ~ L5 的层次，如图 15-1 所示。从 L1 的静态还原，到 L2 的动静融合，再到进行 L3 的仿真推演，接下来进入 L4，将预测结果与现实环境结合，进行实时控制，最后达到一个理想的状态，即 L5 的虚实共生。目前在技术层面，阿里云的数字孪生技术已经部分达到了 L4 级别。

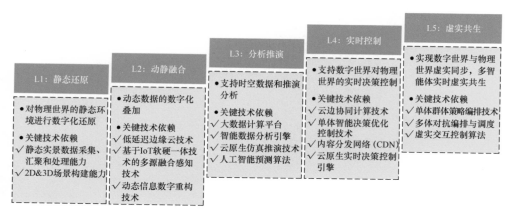

图 15-1 数字孪生的发展阶段

为什么阿里云选择做这件事情？当元宇宙或数字孪生与实体产业结合的时候，都免不了做实体世界的数字化构建。这个过程对几个关键的能力有比较大的需求，包括非常强大的感知能力、数据获取接入的能力、大规模计算以及大规模数据存储的能力、大规模的大尺度下三维模型渲染和生成的能力、低延时高并发以及跟现实互动的能力。这些能力对于云计算厂商都是非常友好的方向，所以现在诸多的云计算厂商也在这些方向发力。经过阿里云 8 年多的产业实践，基于阿里云飞天操作系统，阿里在数字孪生方向上沉淀了自己的核心产品。在这个产品中，阿里提供五大核心能力来支撑整个产业数字孪生应用的构建，包括整个多元数据的连接、采集能力，云边协同实时优化的计算能力，整个应用的仿真推演能力，孪生对象的构建能力，以及孪生应用的搭建能力。

以往在做相关数据应用或数据分析的过程中，数据的模态相对会比较单一。等到真正深入到数字孪生应用或元宇宙应用之后，面临的数据模态就比较复杂了，远远不只结构化数据，还会有大量非结构化数据，包括空间数据、图像、视频、影像、卫星传感数据等。阿里云具备对多种类型数据快速接入的能力以及灵活的框架，从而支持新的模态数据在系统里建立接入通道。同时在整个过程中，对接入的时效性有很高的要求，包括实时、批量的各种模态的组合。

在整个数字孪生应用的过程中，我们发现里面存在很多问题。比如，既需要处理大规模的中心计算全局优化模型，又需要在真正落地场景应用时与现实交互，对时效性和高并发的处理能力都有很强的要求。单纯一个中心计算全局优化模型，并不能很好地应对实际场景中落地的应用，所以需要云边协同能力，阿里云内置了完善的云边协同框架，让边缘端可以快速处理或接入各种传感器的数据，包括非结构化数据，之后再到中心端做全局优化，并到边缘端做模型预测以及跟现实交互。

提到数字孪生，一个绕不开的话题就是仿真推演技术。因为在一个虚拟环境中，可以做各种试错、实验、仿真。而阿里云仿真采用了另一条路线。在整个业界或市面上，各类场景的仿真软件非常多，比如制造场景 CAE（Computer Aided Engineering，计算机辅助工程）、交通场景的各种仿真，业界有很多公司在这方面深耕了很多年，技术体系和产品相对比较完备。但因为应对的都是单机版应用，大规模场景使用会有计算瓶颈。为此，我们屏蔽了底下所有计算引擎，来支撑整体仿真应用或场景化仿真算法运行的一套调度计算框架，从而快速支撑业界主流的仿真软件，在此基础上快速运行，灵活调度各类计算，包括主流计算平台，以及 CPU、GPU、HPC（High Performance Computing），甚至容器，以方便调度，完成整个仿真应用或仿真计算的任务，提高整个虚拟世界中仿真应用和仿真推演的效率。

对数字孪生和元宇宙发展非常重要的是对象建模。所有的数字世界中的个体，都是通过建模来产生的。以往有很多三维建模工具，但它们并不是针对元宇宙或数字孪生场景去设计的，所以使用的仍然是纯人工的模式。但是现在，在做城市大尺度建模时，需要批量地生成模型，并且要让这些模型具备单独完成任务的能力，里面每个细密度的个体都有唯一的编码，未来的每个细密度对象都会挂动态数据，甚至动态算法和模型，从而驱动细粒度对象在虚拟世界中也是动态的。所以，阿里云采用了以数据驱动的对象建模路径。如图 15-2 所示，通过导入卫星影像、CAD、三维模型等数据，使用一套工具快速构建出三维场景。

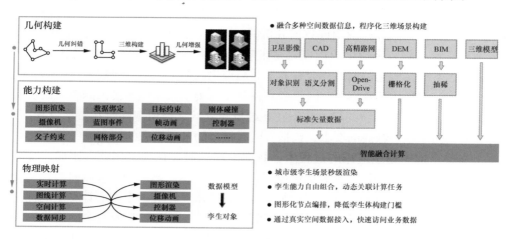

图 15-2　孪生对象的构建过程

从整个模型构建过程来看，是散的点。最终面对用户，我们提供了一整套的一站式低代码孪生应用搭建工具。我们支持多尺度，什么叫多尺度？多尺度就是既包含城市级别的大尺度，又包含园区级别的中尺度，还包含工厂产线级别的小尺度，通过各种模型快速生成构建。比如城市里面，接入地库，快速拉入城市模型，根据 CAD 或其他图纸快速拼接起产线模型。这样能够降低孪生应用场景搭建的复杂度。目前在实战场景中，我们对于城市级别的大尺度生成构建，4000平方千米城市里面主要的道路、楼宇、水体、山体、植被等重要因素，要做到 L2 级别渲染的话，大概在 1 分钟以内可以完成整个孪生城市的构建。

在多年的实际应用中，我们也产生了非常多的案例。在工业制造领域，我们通过这套工具，支撑了工业制造里面的孪生应用场景搭建。比如首钢，我们针对首钢的产线通过工具打造了虚拟化生产线。同时，我们通过 AI 算法模拟仿真整个加热楼的温度控制。我们还通过 AI 算法调控炼钢的加热楼，因为这是炼钢中能耗最高的。以往我们都是依赖专家经验，通过自动化调控温度，实现在炼钢工艺过程中保证质量稳定性。再比如，油田往往在偏远地区，现场设备运维等挑战非常大。我们通过平台支撑构建 1 : 1 的虚拟场景，把现场油田的诸多 IoT 数据接进来实现远程运维能力。另外，在垃圾焚烧发电设备运维方面，垃圾焚烧厂内巡检都依赖人，厂内环境相对恶劣一些，相对专业的人员也比较稀缺。在虚拟环境中，我们实现了发电关键环节的设备监控、运维，提高了整体的管理效率。

数字孪生在汽车领域应用得相对比较多。我们在一汽工厂，针对五大工艺车间，建立了全国第一个数字化的孪生工厂。以往这五大工艺车间的设备都是不同厂家提供的，现实中相当于是割裂的，我们在虚拟世界中，把所有数据串联了起来，针对 7000 多台设备做到了实时驱动。每个产线上的点位数据，我们可以做到 40 多万点位数据的接入。整个接入能力做到了每秒 6×10^8 次请求的并发量，并允许实时地加入大量计算模型。在生成数字孪生的工厂产线之外，我们还加入了更多智能化的能力。比如，我们在焊装工艺中加入了会焊点工艺监控，以保证焊接质量。再比如，在车间里，因为车间需要恒温状态，对空调能耗非常大，我们通过 AI 能力，让空调温控处于平稳状态，进一步降低车间生产能耗。

其他的案例还有我们最早在交通方面做的全息路口、全息高速路及车图协同，在港口做的梅山口塔吊、运输车直接调度，等等。

第 16 讲

圆桌对话：元宇宙助力高质量发展及可持续未来

主持人：

鲁俊群，清华大学人工智能国际治理研究院秘书长

嘉宾：

田丰，商汤智能产业研究院院长

王斌，达闼机器人有限公司副总裁

甘漠，华为云媒体服务解决方案部总监

张辉，阿里云资深技术总监

王强，腾讯研究院前沿科技研究中心主任

刘柏，网易瑶台负责人

洛一，哔哩哔哩虚拟创新业务运营负责人

　　鲁俊群：请每位嘉宾结合自身的实际工作，说一说自己对于元宇宙应用前景的观点和看法。

　　王斌：达闼是人工智能机器人领域的相关企业，所以我们在元宇宙领域的工作主要集中在人工智能、数字孪生、实体机器人以及虚拟数字人4个方面。现在的元宇宙技术在社交、文娱这些方面发展很快，当然这些应用主要还是以信息服务为主的新型沉浸感体验。

　　达闼要做的是把元宇宙技术和实体经济相结合。比如在智能制造方面，我们把各种机器人部署到工业制造场景，包括智慧物流场景。在工业制造领域，包括

物流领域，虽然已经有了大量的自动化设备，但是依然还有 20% ~ 30% 的工作离不开人。所以这样的平替工作是未来机器人工作的场景。这种机器人不是简单的自动化设备，而是要有更多复杂任务的感知、认知能力，以及智能执行能力。所以达闼机器人结合工业元宇宙、智能机器人在做这方面的工作。在无人矿车及智能建筑相关的机器人方面，我们都有相关的应用。同样，在智慧农业方面，我们在积极布局工业化农业的基础设施建设，结合农业温室、农业元宇宙，进行各种农副产品的种植、采摘、物流方面的工作。

我们在元宇宙中定义了机器人元宇宙。机器人元宇宙是元宇宙的重要分支，机器人元宇宙的一个基础底座就是机器人大脑。元宇宙是机器人大脑里面的一个数字化底座，是机器人理解物理世界的数字化表征的数据平台。第一，机器人可以在机器人元宇宙中进行各种训练以及做各种决策，并在经过很多训练和验算后做出决策，从而可以在实际物理环境中工作。对于机器人大脑来说，元宇宙就是一个训练和决策平台。第二，机器人元宇宙实际上是未来人机共生社会中人机交互的平台。今后，人类要和远端机器人互动。人们通过戴各种各样的 AR、VR 设备，可以进入机器人元宇宙。虽然远隔千里，但我们可以和机器人在机器人数字孪生空间中交互，指挥它们完成工作以及互动。机器人元宇宙在未来实体经济中，可以赋能和提振实体经济，推动元宇宙由虚向实。

甘漠： 元宇宙的应用场景有以下三个方面。第一，大家熟知的华为河图，主要包括文旅、商圈两个场景。用户最开始在文旅、商圈场景中主要是进行单调的游览、购买商品或参观景点。现在，华为河图通过场景重建技术，把整个敦煌或上海外滩重建，再通过厘米级空间定位技术以及高精度的 3D 场景识别技术，实时定位用户的游览地点，并且对敦煌的历史或上海外滩文化进行还原，再跟现实的景点进行融合，从而产生超越现实的用户体验。我们可以把华为河图的场景重建技术用到未来城市数字孪生领域，未来我们有可能用这样的技术进行城市综合治理。

第二，采矿场景。采矿场景最大的痛点是怎么提升采矿效率，矿山本身很大，且不同位置矿物分布不均衡，而矿车的数量是有限的。过去怎么调配矿车，去什么样的矿山区域采矿，依靠的是人的经验。如今，在元宇宙技术的加持下，可以通过打孔识别矿山的矿物质分布，然后通过数字孪生技术，把整个矿山重建，最后通过 AI 大数据算法智能调度矿车，实时指引矿车线路，从而大幅提升采矿效率。

第三，零售场景。零售企业面向三类人群。第一类人群是消费者，第二类人群是加盟商，第三类人群是零售电商的供应商。面对这三类人群，零售企业可以重建商品制造、物流、仓储到门店商超，建立完整的数字空间。一方面，可以面向最终消费者宣传企业文化、展示各种商品。另一方面，可以将不同风格的门店在数字世界中重建，帮助加盟商理解不同门店的优势，从而吸引更多的加盟商加盟。零售元宇宙还可以帮助供应商在元宇宙空间中搭建自有品牌的虚拟卖场，这是新形态的电商模式。

除了这些场景之外，我们认为元宇宙在教育行业应该能够发挥更大的优势。因为新一代年轻人的成长都伴随着二次元和数字世界，他们比较容易接受元宇宙的体验形式。另外，元宇宙也可以实现各种学科的学习推荐，让每个学习者都能够直观地学习到各学科的知识，或者亲自参与各类实验和体验课，提升学习效率。因此，教育元宇宙也会有一个比较美好的前景。

王强： 元宇宙是现在大家都看重的未来发展方向，既有消费领域的，也有产业领域的。

在消费领域方面，我们现在感知最强的可能是数字人，比如近来非常火的ChatGPT 等。从好看的皮囊到有趣的灵魂，从外表的 3D 建模到后端 AI 智能应用，数字人越来越成熟，已嵌入各行各业，有了很多应用，比如金融行业的智能客服。我们现在跟很多汽车厂商也有合作。像大众等厂商，都推出了自己品牌的数字人。可能未来数字人会像现在的企业 LOGO 一样，每个企业都有多个数字代言人，这是很有可能的。

在产业领域方面，数字孪生的应用会很多，我们可能还处在未来畅想的产业元宇宙的初级阶段。未来元宇宙可能向两个价值方向拓展：协作价值和体验价值。协作价值的核心是生产力的提升。比如能源、交通行业，我们在做招商港的数字孪生，还在做成都第二绕城高速公路的数字孪生，它们都是实时孪生，把实时视频拉进来，能看、能管、能控，让孪生价值进一步提升。还有医疗行业，现在我们跟协和医院合作，扫描 3D 人脑为手术做精准导航，大概是亚毫秒级精度，目前在神经外科领域已经做了 30 多台手术，效果还不错，未来在急诊、五官科也会应用这项技术。在制造行业，我们跟宝钢有一个 1580 热轧厂，正在做全车互联工厂，聚焦设备级孪生、产线级孪生，直到全程互联工厂。至于体验价值，元宇宙其实更多是一种沉浸式的容器。在文旅、教育行业，我们跟敦煌研究院做云游敦煌、跟国家博物馆做数字讲解等。未来整个产业，产品解决方案也在向交付体验跃迁。这样的一个过程，我们看到很多面向员工的解决方案也都在强调体验，有一个词叫全面体验，不仅强调用户体验，也在不断强调员工体验。这可能也是未来的一些新方向。

刘柏： 关于元宇宙的应用前景，我介绍两个方面。第一，我现在负责的产品网易瑶台，简单来说就是一个在线开会和举办活动的系统。比如，今天的会议[1]就可以在网易瑶台里面开。这个系统早在 2020 年就有了。之所以有这个系统，是因为网易服务器本身是人工智能实验室，和很多高校的老师有横向合作。当时，一个高校的老师有一场线下国际学术会议，因为新冠疫情办不了，那时候大家就商量，能不能把会议开在元宇宙里，所以就有了网易瑶台。我们跟老师聊为什么学术会议不在 ZOOM 或腾讯会议里开。要做线下的学术会议，有一个"刚需"，就是要展示众多的学术论文，所以需要有虚拟空间。有了虚拟空间，就能让大家在线上产生非常多的交互形式。比如我们今天的会议，其实是一对多的会议。有主持人主持，有嘉宾按顺序演讲，还有观众在听。但我们实际在线下举办一些活动时，很可能采用并行的多对多会议形式。比较典型的就是线下办一场大型活动，有主会场，还有若干分会场。主会场和分会场同时进行主题演讲，会场之外很可能还有展览。网易瑶台其实比较适合办这种会议，因为它通过虚拟空间的概念，就能实现这种会议形式。

第二，网易正在做的一个项目是伏羲远程挖掘机。挖掘机司机的工作环境其实比较差，比如夏天驾驶室里很热，有些工作环境又比较危险，尤其是野外工作。我们利用人工智能技术实时采集图像做建模，这样挖掘机司机就可以在远程的控制室里实时看到工作场景，并通过远程操作挖掘机完成施工。最近，网易把伏羲远程挖掘机部署在了四川理塘，跟中建八局开展了比较深入的合作。理塘的海拔约为 4000 米，是一个缺氧地区，工作环境非常恶劣。因为工作环境恶劣，中建八局想找挖掘机司机也很困难。基于伏羲远程挖掘机解决方案，挖掘机司机不需要到现场，就可以完成作业。

洛一：在我所处的内容行业，大家对元宇宙的定义是 3D 虚拟世界，它有两个特点。第一，场景上能够跨越地理限制。第二，交互上能够突破一些人体极限。对场景的变化以及交互的灵活性有极大要求的领域，我觉得是比较适合跟元宇宙、3D 虚拟世界做结合的。

对于内容行业来说，3D 虚拟世界解决的是两方面的问题。第一，提升内容创作的上限。在现实生活中，去户外打造精美场景、生产内容，都有一定的成本。但有了虚拟世界之后，我们可以非常轻易地去太空、火星和任何有意思的地方创作，甚至可以去一些现实世界里没有的地方创作，更有利于各种艺术的发挥。我最近参加了另外一个论坛，我发现非常多的艺术家也开始进入元宇宙领域来创作，他们产出的内容更具创新性和艺术性。第二，降低内容创作的下限。现在有非常多辅助内容生产的方式。未来，虚拟世界中会有我们每个人的虚拟形

1　指 2022 人工智能合作与治理国际论坛。

象、虚拟场景，我也许只需要给出文字稿件，就能够生成虚拟世界中的内容。所以元宇宙将内容创作的门槛降得更低了，能让更多有想法的人产生内容，这是降低了内容创作的下限。

此外，虚拟世界还有共创属性。在一定程度上，虚拟世界中的内容创作者和观看者的界限变得更模糊。从交互上，我们可以突破人与人之间的距离。原来是一个人创作，一些人观看；如今，创作者在体验虚拟世界的摩天轮和其他有意思的奇景时，可以带着用户一起去体验。所以，创作者和观看者的界限会变得越来越模糊，越来越多的人会参与内容创作，从而产生更多的内容供给和内容创意。

B 站是学习型社区。在教育方面，我们也在跟北大、清华、北京电影学院等高校共同探讨怎样把 3D 虚拟世界跟教育结合。以历史学科举例。第一，我们非常希望学生能深入了解过去的历史。如果只是从书本上去了解，或者从视频中去了解，没有那么强的沉浸感。但在 3D 虚拟世界中，学生可以进入真实历史场景中去感受。第二，可以突破互动极限，跟历史人物对话，体验那个阶段为什么会有这样的历史发展和进程。第三，除了课程之外，B 站上还有一个非常常见的场景，就是自习室。经常有学生来 B 站自发打卡，包括考研或进行学科学习。当 3D 虚拟世界的能力融入自习室之后，就会有这样的效果。首先，自习室场景更具有真实沉浸感。大家来自全国各地，真实地在自习室中学习和打卡。其次，多了一些虚拟世界中的真实关系，比如在虚拟世界中真的有了同桌、班长、老师等。大家彼此之间可以跨越距离互相监督，产生新的互动和关系。

田丰：通俗来讲，元宇宙还只是"肉身"，而人工智能是"灵魂"。元宇宙是针对人来设计的，不管是把数字人的外貌设计得更像人，还是把场景空间设计得让人更有安全感，都是为了提升人的体验。

人工智能是灵魂，我们可以看到非常重要的一点，元宇宙带来了交互。有人认为是游戏交互，实际上人和人之间就是用这种自然的方式进行交互的，而不是人和文本或者人和某些程序去做交互。在交互的过程中，会出现出情商和智商，最终形成 ChatGPT 这样的提升知识挖掘效率或商业效率的工具。

大家重点提到工业，世界强国都是工业强国。工业元宇宙有 4 个领域，第一是研发设计，第二是生产制造，第三是运维管理，第四是销售服务，这 4 个领域正好顺着产业链从上往下走。元宇宙未来的 3500 亿元人民币市场规模中，有 500 亿元人民币都在工业元宇宙领域。商汤科技有大量工业元宇宙以及工业和能源行业的成功案例，比如动力电池的数字孪生生产线、智能质检、京沪高铁悬挂系统。我们通过照片还原各种各样的京沪高铁悬挂系统的隐患，用算力解放大量人力，由人训练人工智能，效率非常高。一个人一天可能只能看 6000 ~ 8000 张照片，因为它们都是夜里拍的照片。但是人工智能一天可以看几万张照片。原来需要二三十人看两周时间，现在通过算法，十几小时就能够一次巡检十几万张照片，后面加了算力还可以更快。这些都是产业元宇宙、工业元宇宙的价值。

再比如，生产飞机的时候，可以用数字孪生飞机做应急灾难演练和相应培训、产线优化。还有建筑，我们刚刚发布了商业元宇宙白皮书，后续我们会发布建筑元宇宙白皮书。人生活在建筑里面才有安全感，我们是不是可以把很多经典建筑挪到元宇宙里面，这自然会代入很多人类活动属性。在建筑设计环节、施工环节做数字孪生和元宇宙落地，也是大有可为的。在能源巡检方面，我们跟南方电网、国家电网合作做了很多戴 AR 眼镜的巡检，巡检地下管线，通过 AR 指导工程师修一些复杂的设备。这比以前光翻手册要生动得多。AR 可以将下一步维修的动作呈现在你的眼前，并贴合真实的物理配件。在商业综合体和营销领域，我们为广州悦汇城的店庆做了数字人直播带货，还做了冰雪嘉年华，受到南方消费者的追捧，因为他们能够在虚实融合的广州悦汇城体会到北极熊、企鹅、冰雪巨龙的促销方式，当天的会员转化和销量增长都非常明确地说明虚拟一定要贴合到现实场景中。

元宇宙还可以用于数字经济 3.0。我们可以看到，ChatGPT 有可能颠覆搜索引擎。虽说可能不会马上颠覆，但有非常明显的先兆。数字经济 2.0 以搜索、游戏、电商为主体，但都基于文字和图片，背后缺少人工智能。在人工智能时代，未来十年，大家将会看到人工智能会把这些商业模式重新塑造。新的东西有可能不是 ChatGPT，但也绝对不是原来的搜索、社交、游戏、电商。这里面就有元宇宙、人工智能的巨大创新空间。

张辉：我们团队一直在深耕行业，前面也听了很多嘉宾讲到很多场景。未来，元宇宙的应用场景一定是无穷无尽的。元宇宙和数字孪生技术的出现会对整个企业原有的数据资产进行重构，包括组织的形态、展现的形态、管理的形态。具体来看，企业里的实体、物理数据会发生虚拟化重组。重组之后，诞生新的企业数据平台。未来在虚拟空间中，诸多 AI 能力可能会针对性地解决实际场景中存在的一些问题。在工业领域，很多大企业生产制造环节的产线都由不同厂商提供不同的设备。看似一个企业组织起了完整产线，但设备之间的连通和效率层面都存在割裂，数据不通，使用的协议也不一样。通过元宇宙和数字孪生技术，我们可以在一个虚拟环境中无缝衔接出一个完整的数字工厂，看到生产环节的什么地方存在优化的可能。

鲁俊群：我想问一下各位嘉宾，元宇宙的发展还面临着哪些问题和挑战？

王斌：我觉得这个问题比较宏观，也很深刻，我只想谈两点个人感受。第一，达闼要做的是跟现实世界实时映射，是数字孪生而不是数字原生形态。元宇宙本身就是很大的场景，不可能一家企业就完成一个行业、社会甚至整个世界的元宇宙建设。这样一个大的和物理世界实时的元宇宙一定是共建、共享的平台，如何构建这个共建、共享的平台，是元宇宙建设非常大的一个挑战，也是非常重要的课题。国外推出了一些基础数据格式，例如通用场景描述（Universial Scene Description，USD）可以把各个不同的元宇宙组合在一起，得到一个统一的平台，我们国家也需要做这样的工作。

第二，要做成虚实的闭环。我们现在实体经济也好，未来互联网、移动互联网、物联网也罢，下一步一定是智联网社会，除了人工智能，还要有更多的智能设备，既有感知，又有执行。简单来讲，就是智能机器人。一个虚实的闭环，是我们未来的工业元宇宙或机器元宇宙必须做到的。由虚到实，能不能由实再返到虚。这是一个闭环。只有在这样的闭环中，才能真正做到未来的人机共生、虚实融合的各种元宇宙应用。

甘霖： 不管是内容还是应用，最终分发到消费者，一定会经过生产、分发、消费等环节。所以我们可以主要面向生产端和分发端，看看元宇宙会面临什么样的问题。生产端的问题在于 3D 数字内容不够丰富，而且现在开发 3D 数字内容非常复杂，对人员的要求很高，开发周期也很长。比如数字人建模，以及大场景空间重建，现在人工开发占很大比例。我们可以类比视频产业，视频产业从过去一百多年的电影、电视，到现在全民参与的短视频直播，整个行业才变得非常繁荣。所以在生产端，我们怎样通过 AI 和图形引擎自动化建模、仿真渲染技术，来提升数字内容开发的自动化程度，从而打造一个繁荣的内容生态，这是第一个关键挑战。

从生产端到分发端最大的问题就是实时渲染。我们生活在超高清世界，普通消费者看到的内容，包括从电影院、计算机、手机看到的内容，都是高清或超高清内容。现在的元宇宙体验，其实跟人眼所能感知的超高清视觉需求还有很大差距。举个例子，假设要在元宇宙里面实时渲染一件比较复杂的衣服，呈现超高清效果，则算力需求是数百个 GPU 并行计算，这单靠一台线下服务器是没法完成的。尽管现在可以通过并行计算来提升渲染效率，但还是有很大差距。

我们再来看看分发传输的问题。未来虚实融合的世界，不应该受到用户连接数量的限制，也不应该受到用户状态同步消息传输数据量的限制。假设要在虚实融合的世界里实现数万人甚至百万人的服务，海量用户分布到全球的数字空间，实现消息传输总线消息交互，并且交互时间控制在 50 毫秒以内，这在当前网络环境中是巨大的挑战。所以说，在元宇宙内容生产和分发方面，目前存在巨大瓶颈，我们需要有一些新的媒体基础设施，以支撑元宇宙在生产端、分发端达到我们期望的状态。华为云对外称为媒体基础设施堆栈，它能够在生产端实现高带宽、低成本、低时延的分发传输及高效内容制作。未来，我们认为云的整个架构会由原来以云计算为中心架构，走向以 3D 数字内容或元宇宙为中心的架构。

王强：关于挑战，我个人认为现在最大的挑战是怎么形成可持续的商业价值。也就是说，元宇宙要能够给用户提供不可替代的价值，用户也愿意为这种价值买单，最后形成可持续的生态。

另外，从技术角度，我也谈几点看法。第一，我特别同意刚才华为专家提到的算力方面的挑战，确实是这样。英伟达有个判断，要想真正达到大家期盼中的渲染，目前的算力还差 100 万倍。而且现在我们做的数字孪生，相当于虚实交互，核心就是人、事、物（事就是流程），现在只有一部分做进来了。未来如果把全部的人、事、物都做进来，进一步提升孪生范围和交互深度的话，需要的算力将是难以想象的。

第二，在工具方面，互联网 3D 化趋势已成为共识，这会带来新一波内容的创新。目前，我们可以看到 2D 互联网。比如很火的短视频拍摄，其实还是有限制的。现在是镜头表达的世界，仍依赖于真实的运作，无论是拍摄大自然还是人来表演，都有限制。现在人工建模还需要付出大量美工等成本，门槛也比较高。未来当 3D 工具成熟后，通过模型的驱动，再有 AI 的加持，可以突破很多限制，形成原创的 3D 内容爆发，创造大量的新数字资产。这可能是内容创作的生产力革命，会造就很多新的职业。这里面有一些核心技术，比如 3D 实时互动引擎，游戏引擎就属于此类引擎，这些都需要进一步完善。再比如，微软收购暴雪，除了 IP（Intellectual Property），暴雪在数字世界构建方面的能力其实也是微软特别看重的地方，这里面包括很多核心技术，还有很多图形学知识，门槛还是很高的。

第三，将元宇宙应用于各行各业，需要行业的积累，还需要面对反馈闭环挑战。目前的元宇宙更多的是映射，能看但不能管，不可控。未来需要大量行业的物理模型、机理模型，以及要实现真正的实时交互，才能发挥元宇宙的最大价值。这需要数字技术和传统行业更好地融合。

刘柏：我做网易瑶台这两年，一直在一线跟元宇宙消费者打交道。下面说一下我的切身体验。

从技术角度来看，按照技术成熟度曲线，元宇宙技术还处于比较初期的阶段，表现在三个方面。第一，在 3D 资产建模上，目前还是以人工为主，AI 能够做一部分辅助。2022 年，已经有很多的 AIGC 应用出现，AI 可以帮我们画图，甚至可以做一些 3D 模型。但是从整体上来说，品质不够高，不太灵活。3D 内容产生还是以专业的人为主。另外，虚拟世界的交互其实比较难实现。比如在现实世界中，我现在渴了，我去拿杯子喝水，动作非常自然，完全可以做。但是在元宇宙世界中，就需要把这个过程拆解——首先有虚拟人，然后有杯子，虚拟人走过去，有动作，播放一段动画，才能完成虚拟人喝水的全过程，成本非常高。目前就 3D 内容来看，有很多行业已经积累了一些 3D 内容。比如游戏行业有很多 3D 资产，建筑行业、制造业也有很多，但这些行业的 3D 资产不能互通。因为各个组织的标准不一样，很可能一个行业的模型拿过来，放到另一个行业里就不能用，需要很大的转换代价，技术方面整体不成熟。

第二，在消费者和市场方面，现在看来，整个市场也处于比较初期的阶段。我们跟元宇宙用户在聊的时候，要先从哪里聊起？对于元宇宙是什么，先给用户讲这个词是从小说《雪崩》里来的。这在其他行业就不是这样，比如我们去 4S 店买车，销售人员不会从什么是汽车讲起。大众其实是通过一些影视资料知道元宇宙的。元宇宙这个词最早出现在小说《雪崩》中，后来又有一系列的影视作品，包括《黑客帝国》《头号玩家》《阿凡达》等，让大家了解到了什么是元宇宙。这里面产生了一些问题，在这些影视作品里，主人公在虚拟世界里是无所不能的。这样的话，消费者的心理预期非常高。他们觉得现在的元宇宙也能做到《头号玩家》那种丰富的交互程度。但实际上，现在的元宇宙做不到这一点，消费者就会产生比较大的心理落差。消费者普遍有两种心态，第一种心态，元宇宙是忽悠人的，因为它跟游戏、虚拟现实似乎没有非常明确的界限。第二种心态更加中性一些，认为元宇宙没有特别好的价值，言过其实。所以消费者在真正看到元宇宙的时候，会比较失望。我经常会问一个问题，就是我们现在做元宇宙是不是有点用力过猛。原来我们想的一个应用，比如大家在网上买衣服的时候，可能买了一大堆，邮寄过来，试穿后，退掉不合适的，留下喜欢的。这样的话，能不能做一个虚拟人？在 3D 的商店里试不同的衣服，选到合适的衣服后，再下单。这个想法非常简单，但实际操作下来，做一个虚拟人和做一件虚拟的衣服，花的时间成本和金钱成本非常高，远高于现实世界中的快递成本。这就产生了一个基线的问题——元宇宙带来的价值要跟哪些东西做基线对比？

一开始，大家都想虚拟人穿虚拟世界里的衣服，但这个问题解决不了，不是技术上的问题，而是成本上的问题。但是后来，这个问题被另一种形式很容易地解决了，就是在线的主播带货。主播请了一堆辅助的人，在线上试衣服，一下就把这个问题解决了。有些用户认为元宇宙技术用力过猛。就像刚刚王强老师说的，元宇宙具体能够提供哪些真正价值、打动用户，能够超越现在已有的方案非常重要，我也觉得这是目前元宇宙面临的巨大挑战。

鲁俊群：谢谢分享，一个是对消费者市场教育的问题，另一个是商业模式的问题。下面有请 B 站的洛一。

洛一：我从个体和行业两方面聊一下。首先从参与元宇宙的个体来看，刚刚大家都提到，生产的门槛和投入确实非常高。以内容行业为例，有特别多做元宇宙的创业公司。每一次生产的场景更新、虚拟人更新，不管是从研发的周期来说，还是从投入成本来说，都非常高。因为成本高，所以导致产量有限，更新节奏非常慢。再往下一层来说，不仅生产方的成本非常高，使用方的成本也非常高。比如做虚拟人和虚拟 3D 世界，这对创作者的计算机显卡要求非常高，所以技术投入门槛是第一个挑战和问题。

其次是大家都提到的变现问题。坦白来讲，虽然大家都非常看好这个领域，但其实真正验证到收益的场景并不是特别多。可能很多的生产投入方，更多是在用商单养内容，获得时间。我分享两个感触比较深的案例。一个案例是，我之前参加论坛时，有一位元宇宙参与者是艺术家，他在论坛上非常情真意切地呼吁平台，希望平台真正帮内容生产者们一起想一想变现方式，能让他们有更多的时间和精力聚焦内容的创作。另一个案例是，我在 B 站上搜索元宇宙，其实有一个视频观看量非常高，可能大家想不到，并不是关于元宇宙发展和行业，而是讲普通人如何能够从元宇宙中赚到钱。不管是公司还是个人，都希望商业模式具有稳定性和可持续性，因为这才是能让更多人参与进来的健康模式。从参与个体来说，也有生产和变现的问题。

从行业来说，我自己感觉也是两个问题。第一，元宇宙行业的分工其实跟现实世界里一样，有非常多的环节，有创作者、建造者、规则制定者、参与者。现在大家一窝蜂都来了，都往一些所谓看起来可能有收益的方向走，但实际上大家应该在各个环节发挥所长，找到自己的定位，进行健康的分工，连接和运转起来才能达到更好的状态。第二，关于规则，大家已经看到，近一两年，北京、上海都非常鼓励发展元宇宙，甚至引入了多家元宇宙公司。我自己能感受到，当这个行业大家都投入的时候，底层很多规则的风险会高于其他行业。这时候，我特别希望政府制定一些有效的规则，让大家在规则下比较健康、良性地发展，这样行业的分工、规则都会越来越有序。

田丰：我想说三个挑战。第一个挑战是，要找到元宇宙真正的商业化和爆款模式是什么。其实大家都在期待像"愤怒的小鸟"一样的爆款应用出现。但它们可能会颠覆大家的认知。我的初步大方向判断是，从经济发展来看，消费出口、基建都是 2023 年的巨大挑战。娱乐、游戏不是元宇宙第一位的刚需，尤其在中国，关键在于解决什么样的实际产业问题。我们看党的二十大报告提出的能源强国（包括粮食安全）、制造强国、交通强国，城市里面的一些难题，包括医疗、教育等，这些都是重点。

我们可以看到，如果按照服务业、工业、农业、感知智能来看，则首先要找到工业、农业和服务业里面的难题，原来的技术解决不了的问题，再用感知技术还原现实世界中的第一性原理，还原物理生产过程。接下来很重要的一点，通过 ChatGPT 也能看到，决策智能是一种知识发现和挖掘。在进入人工智能时代之后，AI 可以做基础科研的加速和产业生产决策的优化。元宇宙可以解决实体产业底层的两件事：感知智能和决策智能。至于商业化的问题，数字人能挣钱，这在 2023 年已经引爆了。还没有引爆的是，元宇宙世界里面建筑方面的内容还比较少，大家有一种天马行空的感觉，但人是活在熟悉的环境里的，所以元宇宙产业中还有一些价值空间需要发掘。最后，不管做游戏还是做动漫、视频，或者做商业广告等，AIGC 一定是一个利器，它不仅能够产出更像人的对话，还能够产出相应的图像等。当然，我认为我们还处在前期的工具创新层面。互联网的基础就是文字、图像、视频，加上交互，游戏也是交互的一种。所以 AIGC 一定会在底层改变很多东西。至于数字藏品，这是一个非常小的品类，能挣钱，但无法真正解决底层的问题，一定有一些商业模式在里面。另外，工程化很重要，包括 AIGC 工程化、实体产业数字化转型的工程化。不管是元宇宙建模还是人工智能建模，其实都是为了降本增效。产能爬坡了才有机会。

第二个挑战是标准化。如果看全球或西方，元宇宙是基于英伟达 GPU 等开发套件，加上渲染引擎，再加上现有互联网通信标准和移动操作系统——在现有体系里中国是没有位置的。所以元宇宙是软件产业千载难逢的良机，我们要通过标准化真正振兴中国的软件产业。中国互联网面向消费者的软件还不错，但全球化其实没有做好，传统产业的 IT 化没有做起来，尤其是产业互联网。

这时候，我们如何通过元宇宙的机会创造中国软件产业的全球化？我们有五大优势。第一，这可以通过中国自己的算力基建来实现。商汤科技在上海的人工智能超算中心建得非常快，这是其他国家比不了的。第二，AI 技术平台，不管是数字人训练，还是各种各样的建模交互，背后都是 AI 技术平台，中国在人工智能产业方面跟世界顶尖国家差距不大。第三，元宇宙应用市场大，中国人多，有前期的消费引导，机会较大。第四，我们都知道，中国的 IoT 生产能力很强，AR 眼镜生产能力也很强，未来两年之内就会看到，一旦千元人民币以下的 AR 眼镜出来，产能就会快速爬坡，到时候我们生产的可能就是拥有自主品牌的 AR 眼镜。第五，东方文化的沉淀，我们在元宇宙领域有先发的文化沉淀优势。基于这五大优势，可以做国际互联互通的元宇宙标准、元宇宙软件适配标准、安全标准，以及开发平台和研究环境的标准。商汤科技在元宇宙算力基础设施层面已经建成了很多数据中心，如火星混合现实引擎。我们还提供了很多元宇宙的开发工具，比如空气捕捉，通过一个单目摄像头，就可以捕捉人的微表情、动作等；还有数字人开发套件等。我觉得这种国产供应链标准化也很重要。

第三个挑战是伦理问题。现在碎片化的元宇宙是人、机、物的协同社群，其中存在人和人之间的伦理问题。比如多元文化风俗问题，以人为本、以实业为本的价值观能不能融入元宇宙？人工环境的元宇宙能不能符合 ESG（Environment, Society, and Governance，环境、社会和治理）标准？再比如可持续发展问题，商汤科技提出了以人为本可持续发展的基本原则。其他的问题还包括元宇宙技术是不是可控，AIGC 会不会产出突破我们底线的内容或者毁灭人类的方法，等等。其实在这一领域，国际化也很重要。因为我们并不是孤岛，元宇宙本身就是一种互联的东西。

张辉： 在我看来，整个元宇宙领域一定会遇到很多的技术挑战，包括计算、存储、网络这些基础设施层面的挑战，以及 AI 层面的挑战。我觉得大家在思考问题的时候可能把这个东西想得太宏大了，导致在推进过程中面临各种各样的挑战。阿里云的做法是，在基础设施层面，针对元宇宙，无论计算、存储、网络，包括 AI 技术上，都在逐步地沉淀、突破。同时，我们会从场景的角度看这件事情。比如我们前面讲过的很多场景，无论是制造业还是零售业、医疗等场景，当你深入特定场景时，你会发现特定场景中的技术挑战并没有大家想象的那么难。当然，在做的过程中也会遇到很多问题。现在很多技术都是散点，有些 AI 的碎片化技术做得很好，有些在计算层面，有些在可视化层面，有些在三维建模层面，但这些东西没有被有效整合，形成一条比较流程化的或者更加自动化、标准化的针对场景的生产工具链。未来要重点在这些方面进行突破。这样的话，未来可能会在元宇宙、数字孪生的应用场景方面加速生产过程。从生产过程来说，不断拉动下面的技术，我相信很多公司都在基础设施上做了大量投入。无论怎么投入，最终还是要看实际商业效果。很多事情不能无限制地做。投入加上场景的试错及工具链的完善，可能会让这件事情变得更加具有可持续性。

鲁俊群： 谢谢分享，各位嘉宾分享的信息量非常大。那么请问，你眼中最理想的元宇宙是什么样的？你对元宇宙的未来发展有何建议？

王斌： 未来的元宇宙就像 OpenAI 提出的 GPT。原来以为 AI 先做体力劳动，然后是认知，最后是创造。结果发现，我们做人工智能可能反着做，先是创造，然后是认知，最后做体力劳动。我个人也有体会，我们的物理世界是大自然创造的，我们的信息世界和文化则是我们人类创造的，元宇宙和人工智能反而更容易先做文化，再做信息，但最难的是做物理世界的数字孪生或元宇宙。从这点来讲，我们做机器人元宇宙，就是要把物理世界真正地呈现出来。所以不光是视觉方面的像素级别的元宇宙，实际最后是体素（即体积元素）级别，甚至化学、物理级别的元宇宙，我觉得这是未来元宇宙的终极形态。此外，我觉得我们下一步一定要在元宇宙的基础层面做一些工作。例如我们提出的云端大脑操作系统，实际上就是为了构建基础的元宇宙平台，以便人工智能应用结合机器人智能设备的开发。

甘漠：我们把整个云基础设施用"三、二、一"总结："三"是指构建云的三大要素，即算力、AI、图形引擎；"二"是指两类云服务，即内容生产类服务和运营类服务；"一"是指一个完整的生态。希望有更多的伙伴在华为云上构筑元宇宙，并且元宇宙通过统一标准实现互联互通。

王强：关于未来，我们要从现在的能看、能说的移动互联网到达未来的能感、能控的全程互联的新阶段。物理空间、数字空间、意识空间结合，让虚拟世界更真实，让真实世界更丰富。要想实现这样的愿景，需要做到 3 个方面。第一，核心技术突破，包括图形引擎、国产数字引擎和实时光追等核心技术，优化工具链。第二，要积累行业知识，特别是行业的物理机理、模型流体力学等，这样才能更有价值。第三，共治共享，行业各方一起，把各方建议纳入进来，促进元宇宙的健康发展。

刘柏：我对元宇宙发展的畅想是，希望能够有一个低成本、自由交互、大众共建的互联网。对元宇宙发展的建议是：第一，加强行业合作；第二，通过人才培养，提出更多的原创技术，占领元宇宙发展的高地。

洛一：我对元宇宙的畅想是，元宇宙会经历两个阶段：近期阶段和长期阶段。近期阶段是增强现实，对连接现实的产业和服务进行加强。长期阶段是超越现实，依托元宇宙创造新的行业和领域，可能一部分人愿意生产在现实世界中，另一部分人愿意更多时间在虚拟世界中。关于元宇宙未来行业我有三个建议，即三个"找准"。第一，找准虚拟世界产业里属于自己的环节。第二，找准适应的场景，一定要聚焦，不要每个场景都要。第三，找准场景下的商业模式。

田丰：未来的元宇宙，是人类对物理世界本源的感知、认知、仿真、驱动和改造。当然，我们所处的物理世界也有可能是仿真世界的"套娃"，本身就是虚拟仿真的。这是我对未来元宇宙的深度思考。我建议顺着这个思路走。第一，产业元宇宙是收入的来源，没有产业收入，就不会有元宇宙的发展。第二，科研元宇宙是终极目标，毕竟我们要探索这个世界的本质规律。第三，艺术元宇宙是人类的精神家园。产业元宇宙、科研元宇宙、艺术元宇宙缺一不可。商汤科技愿意跟各位学者、产业界同仁共同共建一个虚实融合、以实为本的元宇宙产业。

张辉：我对元宇宙的畅想是现实世界里的任何一个人在元宇宙世界里都有相应的对象。阿里云会继续夯实基于元宇宙的基础设施，包括利用 AI 整合更多元宇宙相关工具链，协同生态，推动行业不断探索。

第 17 讲

圆桌对话：Web 3.0 如何促进可持续发展目标

主持人：
于洋，清华大学交叉信息研究所助理教授
嘉宾：
凯特·萨顿（Kate Sutton），联合国开发计划署亚洲及太平洋区域局创新中心负责人
罗温·约曼（Rowan Yeoman），联合国开发计划署亚洲及太平洋区域局顾问
埃里克斯·泰勒（Alex Taylor），Klima DAO 战略顾问
李思媛，云南大学政府管理学院行政管理专业博士研究生
陈楸帆，《AI 未来进行式》作者

于洋：Web 3.0 有望重塑我们文明的组织结构。它有两个关键词：一个是人工智能，另一个是区块链。区块链所包含的内容很多，比如零知识证明和多方安全计算。这些事情现在都重新定义了我们对社会组织、经济合作和政府组织的理解。因此，这两项技术推动人类社会重新安排我们的生活方式和工作方式。这给我们带来了一系列值得讨论的问题。今天的讨论将重点放在 Web 3.0 如何重塑可持续发展的理论和实践。我们邀请了企业家、项目研究人员和思想家来讨论 Web 3.0 如何服务于公共利益。我们定义个体发展和社会合作，并以去中心化的方式重新组织治理。

凯特：在于洋教授的基础上，我想增加两个关键词：开放性和去中心性。我不是人工智能专家，也不是区块链专家和 Web 3.0 专家，但我是创新专家和技术专家，而我一直在寻找实现可持续发展目标的方法。如果大家读过一些报告，就会知道我们不会在 2023 年实现这些目标。当处于一个创新空间并试图实现这

些非常大胆的目标时，如何找到新的方法来实现这一点就很重要。在谈到技术时，我总是一个技术乐观主义者。但我始终认为技术不应该一直处于引领地位。解决问题应该是第一位的，然后技术应该为解决问题服务。我很好奇联合国开发计划署作为一个全球性的政府组织如何赋予公民权利。我们要深入基层，赋予公民提出自己的解决方案的权利，并确保人们能够承担责任并被赋予权利，在当前的范式和体系内为 SDG 带来新的可能。我们的兴趣首先在于去中心化，而且我猜这也是世界各国政府的主流看法。我们的兴趣还在于理解人们在身份方面的一些重大挑战，确保我们了解人们的自我认同，这样我们就能给他们带来想要的福利。联合国开发计划署投入了大量资金，但还有很多问题并未找到系统性的解决方案。所以我的另一个好奇心是，这种技术如何能够赋能现实并解决那些挑战。目前，我们面临的一个重大挑战是气候。有人会说所有的技术都已经存在，我们只需要把钱放在正确的地方；有人说我们还没有所有需要的技术。无论哪种说法是正确的，我们都需要解决气候危机的协调问题。那么，我们如何能够有不同种类的协调机制呢？下面由罗温进行介绍。

罗温：为了理解 Web 3.0 的演变，我们整理了一个简单的理论模型。这个理论模型可以解释 Web 3.0 如何变成一套对世界产生重大影响的工具。让我们从理解 Web 3.0 的概念开始，因为人们对 Web 3.0 的理解是非常两极分化的。一部分人对 Web 3.0 持有非常负面的看法，认为 Web 3.0 是无用的或邪恶的；另一部分人则持有非常天真的看法，认为 Web 3.0 会完美运作并解决我们所有的问题。实际上，即使社会中最聪明的人，往往也会错误地看待技术。当新技术出现的时候，我们一次又一次地弄错它们发挥作用的形式和方向。所以我们首先要提出一套心智模型来帮助人们避免陷入这些错误的认识。

Web 3.0 是一个非常宽泛的术语，它大致描述了第三代网络。我们已经从一个只读的网络过渡到一个可以读写的网络，也就是 Web 2.0，每个人都可以参与其中。人们有了真正拥抱互联网的能力。这似乎是一个小的进步，但实际上，这是一次巨大的飞跃。而且我们认为这是一个值得探索的范式，当我们走向未来时，它将会变得很重要。

我们用低悬挂的果实表示新技术可以实现的简单易做的事情。如果新技术是蒸汽机，那么低悬挂的果实就是蒸汽动力的工厂、矿厂和磨坊。彼时新技术还不是很好，但随着时间的推移，它会往上发展，问题得到解决，技术变得越来越好。当这种情况发生时，就会开始出现新的应用，我们开始得到我们从未想到的东西。例如，在蒸汽机的推动下，我们得到了铁路系统、蒸汽远洋轮船、开放的海洋和网络，还得到了一些没有立即想到的新事物。然后技术继续发展，从特定的应用到承上启下的新节点。我们的社会有了新的运作环境。等达到一定的阈值后，就会有全新的社会系统出现。新技术会产生二阶和三阶的应用，这些应用可能是人们在过去无法想象的，同时这些应用又使整个社会出现更加广泛的变化。就蒸汽机而言，工业革命和社会发展过程中的所有现代性，都是因为社会得到了无处不在的廉价能源。通常，我们都这样看待技术范式的出现，我们在许多不同技术的发展过程中可以观察到这样的趋势。就 Web 3.0 而言，我们将从这个底层范式开始，这是互联网上的加密信任，也就是信任计算机做事情的能力，这出现在区块链和智能合约中。然后这项技术开始被应用于 NFT、Defi 协议、DAO 以及稳定币和加密货币。这些应用不是那么成熟，存在很多问题。但是随着时间的推移，技术进一步发展，问题得到解决，然后成为一个启动环境，创造跨越金融、经济、治理和创新方面的新范式。

我们在特定的应用基础上向上走。在发展领域，有很多人使用区块链来跟踪咖啡或其他东西的来源。我们需要超越这一点，进入这种有利的环境。在这种环境中，Web 3.0 变成了我们游泳的水。所有这些新的范式对我们来说都是可用的。有了 Web 3.0，就有可能将强大的工具交到个人和社区手中。我们现在更感兴趣的是，既然社区拥有了所有这些工具，那么它们还能做什么新事情，而不是我们还能用区块链做什么。我认为，这里真正重要的不再是试图使用区块链，而是实现可持续发展目标的新机会。我们已经超过了技术发展的阈值，开始拥有这些能够产生二阶和三阶应用的生态系统。这是一件非常令人兴奋的事情，因为我们看到了这些复杂问题的进阶解决方案，而不是我们的传统范式。实际上，我们希望创建一些能够找到自我解决方案的生态系统。这些生态系统能够获得工具、能力和资金来做新的事情。

于洋：加密货币是 Web 3.0 中的一个关键词。它使网络上的可信构建成为可能，我们可以重新思考组织是为了公共利益服务还是为了其他事情。另一个关键词是人工智能，人工智能在社会中的作用和加密货币是完全不同的。

陈楸帆：我从 SDG 和科幻小说的角度谈一些自己对 Web 3.0 的理解。让我们回顾一下历史。不可否认，技术和科学是推动我们进步的主要力量。但是我们也不能忽视叙事或讲故事的力量。例如，现代潜艇的设计师西蒙·莱克从儒勒·凡尔纳的科幻小说《海底两万里》中获得灵感，移动电话之父马丁·库珀也从经典科幻电影《星际迷航》里的柯克船长带着移动装置行走在企业号入口的场景中得到启发。元宇宙的概念起源于 20 世纪 90 年代斯蒂芬森的科幻小说《雪崩》，从中我们可以看到科学技术和科幻小说之间的复杂互动。科幻作家从真实的科学技术中获得了想法和灵感，然后用我们的想象力和故事来传播这些想法，尤其是在年轻一代的意识中播下了种子。随着时间的流逝，这些种子生根发芽，为社会带来更多的惊喜和创新。科幻小说帮助我们跨越过去与未来、小说与现实、人性与技术、民族与国际性、自我与他人、中心化与去中心化的界限。在这种认知的灵活性中，我们感知这些现实的可能性和开放性。这就是我们人类今天成为一个文明的方式。下面我来谈谈自己的一本书。这本书的英文版名为 *AI 2041: Ten Visions for Our Future*，中文版名为《AI 未来进行式》。这是我和人工智能专家、著名企业家李开复博士合作的成果。起初，他提出了这样一个想法，我们应该一起写一本关于 AI 的书，但它不应该是非虚构小说或科幻小说，而应该是两者的结合。李开复还是畅销书《AI·未来》的作者，这本书探讨了 AI 将如何改变地缘政治、动态和景观。李开复认为，科幻小说可能会对全球年轻一代产生巨大影响。拍摄科幻电影的好莱坞公司取得了巨大的票房，这甚至成为一种文化现象。他认为人们在电影中看到了太多以前科幻小说中所呈现的负面的、充满敌意的、暗淡的图景。我们需要做的是向公众普及技术的真正含义及其在未来 20 年里如何发展，以及我们应如何应对变化，这些变化如何挑战我们的日常生活，等等。

所以，我们决定讲述来自世界 10 个不同地方的 10 个故事。在我们看来，人工智能应该是像电力或纯净水一样的基础设施，服务于每一个人，而不仅仅是那些人工智能超级大国。

从这个角度，如何关注这些发展中国家和弱势群体、少数民族和土著居民以及文化？这也是大部分故事都来自"全球南方"的原因，就像故事中的许多人一样。实际上，我们是在谈论一个非常低的阶层和弱势群体，如性少数群体、老年人和患有孤独症的儿童，他们将如何从人工智能技术的快速发展中获益。

因此，我们将每个故事与不同的主题联系起来，比如美国的工作错位、日本的虚拟偶像经济，等等。这些故事不仅仅是关于 AI 的，在我写完这本书之后，我意识到这个故事的大部分其实是关于 Web 3.0 和元宇宙的。这些东西不是一时的风潮，而是在接下来的几十年里一定会发生的事情。

图 17-1 是我们让 AI 根据故事创作的一些图画。我们还邀请了数字工具艺术家，让他们根据这些故事创作艺术作品，并在平台上拍卖出售。我们甚至举办了虚拟展览。

我们还讨论了许多关于气候变化、老龄化社会、土著文化和语言的保护等问题。

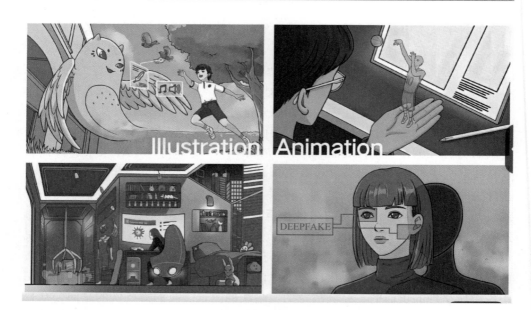

图 17-1　我们让 AI 根据故事创作的图画

　　我认为我们迫切需要 Web 3.0 和 AI 这样的技术，来帮助我们应对 SDG 的问题。那么，哪些问题阻碍了这些技术的应用？我认为有很多因素，比如基础设施、数据处理能力远远不足，等等。我们也需要用于创造的工具。不仅仅有工程师，还有普通人，他们都需要创造自己的叙事。我们迫切需要治理机制来帮助人们，改变组织和机构里的传统治理方式。如何利用经典的文化 IP（包括图书、漫画、音乐和电影）？这也值得我们探讨。

　　我想每个人将来都可能是创造者。最迫切需要解决的问题是如何改变每个人的心态，因为现在 Web 3.0 就像一个自娱自乐的电子游戏。大多数人不知道它是什么，能做什么，如何惠及每个人。所以，我认为我们迫切需要一些讲故事的人——创作者，使用多种媒介形式来倡导与公众接触。我从很早就开始使用 AI，包括使用 GPT-2 和 GPT-3 辅助写一些小说。我现在使用更多的 AI 工具来创作一些故事、图像，甚至在未来可能是音乐或短片。AI 如此强大，它允许没有艺术背景的普通人以非常高的水平制作自己的故事，所以 AI 就像是未来创造力的杠杆。

　　我们应该有一些关于 AIGC 的应用，特别是 SDG 方面的应用。我认为用于 SDG 的 Web 3.0 是前景广阔的。当然，我们面前还有很多的挑战，例如需要超越国家、社会和意识形态边界进行合作。对于一些重大的全球问题，比如气候变化、流行病和战争，我们需要新技术、振奋的意识和新的价值体系。我会用这种方式来构想一个可持续的、公正的、平等的未来世界。作为一个讲故事的人，作为一个创作者，这方面我有一些责任，不能仅仅写自己的故事，而要基于一些共识，传递我们认为正确的知识和愿景。正如我在书中所写："我们想要创造的每一个未来，都必须首先学会想象它。"

埃里克斯： 谈到区块链对碳排放的影响，我们一直在研究如何减轻和补偿来自区块链及其他地方的碳排放。Klima DAO 代表一个去中心化的自治组织和 DeFi 协议，旨在通过碳支持的算法货币——KLIMA 代币——推动气候行动。因此，Klima DAO 是一个任何人都可以使用、互动甚至工作的基础设施。我们有很多来自世界各地的项目贡献者，有成千上万的社区成员，这些人在过去的一年里活跃在我们的项目中。其中一部分人参与了这个项目，另一部分人在我们的投票生态系统中成为选民。Klima DAO 的使命是加快为对世界各地具有重大影响的气候项目进行融资。我们利用所谓的自愿碳市场来实现这一点，Bonnet 芝加哥市场实际上促进了碳信用的产生、交易和消费。如果愿意的话，碳排放和碳信用本身就是一种数字商品，它们代表二氧化碳的总和。因此，2021 年我们推出了多边形区块链，它建立在以太坊生态系统之上。

就大宗商品市场而言，碳市场本身还是比较新的，尽管它已经有 20 多年的历史。这些年来，碳市场经历了一些成长的痛苦，尤其是关于碳供应方的对话，以及围绕着创建碳信用的反事实的基线名称，等等。我们非常清楚的是，要想将全球变暖限制在比工业化之前的气温水平高 2℃ 以内的范围内，就必须扩大对政府支持的环保项目的投资。比如部署可再生能源解决方案来减少日益增长的碳排量；或者将它们从大气中清除，类似重新造林项目；或者采用更先进的技术解决方案，比如空气捕获。最终碳市场会被认为是一种非常重要的机制，以缩小碳排放差距。

下面我将用三个例子说明为什么我们认为区块链和 Web 3.0 可能创造一个更好的碳市场。让我们从碳信用的产生开始。实际上，获取碳信用额度的速度很慢。交易者必须联系一些经纪人或交易员，收到报价，评估期权，然后评估是否有人可以满足自己的需求。因此，达成协议可能需要几天时间，甚至需要几个星期。如果你是一家大公司的负责人或者你想下大订单，则可能需要几个月的时间。相比之下，建立在区块链基础上的碳市场允许个人和组织在某种程度上直接参与碳市场，与众多实体、组织打交道的所有复杂性都被消除了。这是一次非常流畅的体验，实际上不再需要任何中介机构。如果你想参与市场，我们认为这种方法真的很强大。

另一个重要的问题是碳市场本身的碎片化。在碳市场上，有很多参与者在他们自己的利益范围内经营。因此，市场中有很多封闭的空间，有时需要认识合适的人才能访问。所以说，我们创造了一个流动性比较差的碳市场。但通过去中心化金融技术，我们使用一种叫作"自动做市商"（Automated Market Maker，AMM）或"流动性池"（Liquidity Pool）的东西，使得数以百万计的碳信用在市场上流动，把价格信息显示得很清楚，推动整个市场朝着更开放、更高效的方向努力。

最后我来谈谈透明度的问题。在没有区块链的碳市场上，信息流动是完全不对称的。定价数据很少，几乎没有流动性数据。这是一个低信息效率导致市场失败的典型例子。因此，我们要做的是，让一切都变得透明，展示生态系统中的所有数据。在一条目标区块链上，实现可读写。完全透明的基础设施对市场来说是一个巨大的变化。

那么，所有这些在结构上是如何工作的呢？我将我们的基础设施称为碳市场的需求侧扩展解决方案。我们自己实际上并没有创造碳信用。我们所做的是接受由第三方验证的碳标准发布的碳信用，并使用它们。就像一个基础层，或者说协议和生态系统的基础资产。因此，从本质上讲，向市场发放的每一笔信贷都包含一组特殊的信息，包括项目的数据，如技术类型、年份、地理位置，以及用于发布碳信用的方法。我们获取这些信息并将它们存储在一些不可撤销的令牌中，然后这些令牌可以被细分。将 20 种形式的碳信用集合在一起，并与类似的碳信用组合在一起，创建一个基本池。在这些工具中，任何一个信用证都可以出售给另一个信用卡。

我们所做的另一个关键部分是发展我们的联系机制，这本质上是我们用来帮助发展生态系统中的流动性的。这是凯特刚才提到的一种主要的激励机制。通过将生态系统中的用户联系起来，创造一个高效、透明的市场。作为回报，他们会获得我们团队的一个代币。随着我们接收到更多的碳信用，我们可以创造更多的代币。这就是我们的代币被称为碳支持货币的原因。这种资金机制或集约机制的好处是，我们正在慢慢建立这些市场的流动性。协议本身可以对流动性采取非常长期的做法，目标是扩大规模。不同于其他 Defi 项目，它们直接吸引人们提供流动性。但如果另一个项目激励某人在其他地方提供信贷，则可以提取流动性，这将造成市场波动和违约。而我们实际上自己拥有流动性。

李思媛： 我们的项目名为"一个都不能少"——独龙族语言数字影像化传承保护发展项目。在我国约 22 000 千米的陆地边境线上，分布着 30 多个跨境的少数民族。而在我国的 56 个民族中，有 30 多个民族仅有语言，没有标准化的书写系统，他们依赖口口相传来传承语言。

其中，独龙族只有 7000 人。这个民族因自然条件的限制，曾长时间处于贫困和相对封闭的状态，直到 2019 年的精准扶贫后，才有了显著的改变。随着社会、经济、文化的发展，我们注意到独龙族的年轻一代在语言掌握上的能力逐渐下降，使用频率也在降低。而独龙族的老一代由于历史上的封闭状态，他们不会说普通话，因此与外界的交往受到限制。

这启发了我们的团队考虑如何既保护这个少数民族的语言，又增进他们与外界的交流与发展。从 2015 年开始，我们连续 5 年在边境小镇关注他们的文化保护、语言传承以及教育问题。我们的团队由多民族构成，包括 6 个不同的少数民族。因此，我们开发了一个名为"诺娃"的 App，这在独龙族语言中意为文化图腾。

这个 App 的界面包含了大量关于独龙族的信息，用户可以搜索独龙语的字词和句子，同时也能听到相关的语句。这个 App 的其他部分则包含了动画、电影、广告、歌曲等，供各年龄段的人了解独龙族的文化和故事。此外，我们在这个 App 中建立了一个商城，鼓励独龙族售卖当地产品，并更好地与外界交流。

但在开发这个软件的过程中，我们遇到了翻译系统的问题。传统翻译系统需要将语音先转换为书面文本，再进行翻译，最后还原为语音。对于独龙语这样的小语种，实时翻译非常困难。幸运的是，我们了解到 Meta 公司在 2022 年 10 月 19 日发布了一个由 AI 驱动的无书写语言翻译系统。利用这个工具，我们基于收集的大量独龙族语言数据，成功开发了一个独龙语翻译系统。我们希望通过这种方式，可以促进不同民族之间的交流，同时保护少数民族的语言。除独龙族外，我国还有 30 多个少数民族面临着相似的问题，所以我们尝试将 AI 技术用于他们的语言保护和传承中。语言是文化的载体，也是文化的标志。所以，我们还计划利用 Web 3.0 技术，结合少数民族的文化，创建一个虚拟社群，让更多的人了解和体验这些少数民族的文化。我们希望更多的团队能与我们合作，共同为我国特有的少数民族注入新的生命力。

专题论坛 1

人工智能产业
发展与治理

第 18 讲

建设安全、开放、可评估的 AI 治理生态

张望

商汤科技副总裁、AI 伦理与治理委员会主席

这几年，以深度学习为代表的人工智能快速发展，目前已成为颇具颠覆性的技术之一，受到各国的高度重视。美、中、欧等各大经济体都相继出台了相关产业政策。人工智能已经对很多行业实现赋能，推动数字经济进入 2.0 时代。例如，我国目前人工智能核心产业的规模已超过 5000 亿元人民币。此外，在麦肯锡认为最受益的 4 个领域，人工智能也将为我国带来每年超过 6000 亿美元的经济价值。

人工智能在高速发展的同时，也给人类社会带来了许多现实性的挑战。2022 年 11 月，我国向联合国提交了《中国关于加强人工智能伦理治理的立场文件》。这份文件开头就讲到，人工智能作为最具代表性的颠覆性技术，在给人类社会带来潜在的、巨大发展红利的同时，其不确定性可能也会带来许多全球性的挑战，甚至会引发根本性的伦理关切。人工智能的风险从类型上大致可以分为数据风险、算法风险、应用风险三类。这三类风险又体现在伦理和安全两个层面，比如算法风险在伦理层面主要体现为算法黑箱和算法歧视；而在安全层面，则体现为模型训练部署和使用过程中出现的一些安全风险。

一、AI 伦理治理的措施和理念

作为一家人工智能企业，在持续做好原创，推动技术创新和赋能百业的同时，做好伦理治理工作也很关键，尤其是努力向敏捷治理迈进。为此，商汤科技进行了近 4 年的人工治理探索，并推动迭代完善：2019 年，开始对全球 AI 伦理

案例进行研究归纳，并作为内部伦理案例研究和实践的参考；2020 年，正式成立人工智能伦理与治理委员会，开始更加规范化、机制化、系统性的伦理治理实践，并邀请伦理治理和相关领域的权威专家担任外部委员，提供指导，包括清华大学的薛澜教授、上海交通大学的季卫东教授；2021 年，建立全面的产品伦理风险审查机制，还建立了人工智能系统伦理风险管理指标体系；2022 年，开始着手建立 AI 治理技术和管理工具，并开始国际化生态建设的尝试。

商汤科技提出平衡发展伦理观，并倡导三项原则：可持续发展、技术可控、以人为本，希望在治理上实现安全与创新并重。在人工智能伦理与治理委员会的指导下，我们将平衡发展伦理观落实到实际工作中，实现了严格的产品伦理风险审查制度，初步建立了 AI 伦理治理体系，在三项基本原则的一级指标下，打造了覆盖 11 个二级指标、36 个三级指标的系统伦理风险管理指标体系。该体系基本上涵盖了目前社会对人工智能伦理高度关切的一些事项。在这些受到高度关切事项的下面，其实还有更为细化的指标体系，来保证能够准确评估某个事项是否存在风险。举个例子，在二级指标数据治理下，包含了数据安全、数据完整有效这两个三级指标。

2022 年之后，商汤科技提出了发展负责任且可评估的人工智能，将之作为人工智能治理的愿景目标。为实现这一愿景目标，商汤科技的治理实践可以分为 5 个方面：一是建立覆盖产品全生命周期的风险控制机制，二是开发一系列流程工具和技术平台，三是全面开展商业化模型安全体检，四是做好公司内部科技伦理宣贯，五是构建国际化伦理研究与治理生态体系。接下来简单介绍商汤科技在这 5 个方面的工作进展情况。

二、覆盖产品全生命周期的风险控制机制

商汤科技建立了覆盖产品全生命周期的风险控制机制，针对人工智能领域面临的数据、算法、应用管理风险，初步形成了治理闭环。其中，在应对算法风险上，建立了算法定期备案管理与安全评估机制，成立了算法安全管理工作组；依据算法的数据类型、业务场景、数据质量、存储现状、用户规模、用户干预程度等，对算法进行分类分级备案管理；从技术局限、算法设计、软件缺陷、数据安全、框架安全等维度，对算法风险进行安全评估。

在应对应用管理风险上，建立了伦理风险分级分类管理机制，成立了风险指导小组，对产品的设计、开发、部署、运营各周期实现分阶段、分目标的分级管理。我们还学习、归纳了国内外相关风险分类管理机制，并在此基础上，结合

我国伦理风险的实际情况以及我们在工作中的心得，将伦理风险由低到高划分为 E0 ～ E5 共 6 个等级，也就是从无伦理风险产品直至禁止类产品。

三、流程工具和技术平台

在流程工具和技术平台方面，商汤科技开发了一系列覆盖数据治理、算法评测、模型体验、伦理审查的工具和平台。其中，商汤科技开发的数据治理平台以及规范采集流程，在数据处理过程中，通过开发、使用自动化标准工具，减少人工接触的数据量，在模型训练源头尽可能降低人类偏见风险。同时，数据标注平台具有访问、制造、身份验证功能，确保只有经认证人员才能够访问数据。目前，商汤科技通过了多项网络安全及数据安全国际性权威资质的认证。商汤科技所售产品也获得了中药信息系统等级保护三级认证、可信人脸认证专项证书等一系列认证。

在应对算法风险方面，商汤科技建立了一套基于真实场景数据的算法评测体系，如图 18-1 所示。这套体系有三个重点。一是覆盖商业化算法的主要场景和常理场景，实现商业化算法场景可信可控。二是通过全方位的评测方案和大量的数据集，对算法进行充分评测。三是将目前所使用的主要算法评测方式和实践提炼出来，积极参与行业标准的建立过程，推动算法测评的成熟与创新。此外，这套体系还尝试探索建立多元化的评测项目和指标体系。

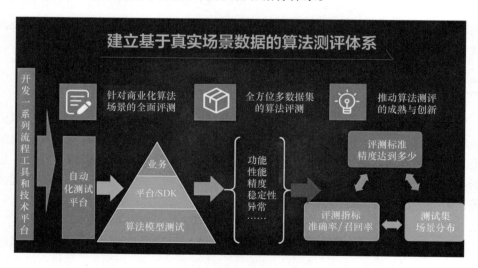

图 18-1　算法测评体系

四、商业化模型安全体检

面对系统安全需求，商汤科技自研的模型体检工具能够面向活体识别、图像分类、目标检测等商业化应用，开展对抗安全检测、鲁棒性安全检测、后门安全检测，不仅支持多种任务类型，而且能够开箱即用，提供一键式反馈。目前，这套系统已被应用于大量的模型测试中。测试内容有三类：一是模型对于颜色、天气、模糊、噪声、亮度、遮挡等影响因素的稳健性；二是模型在对抗攻击下的安全性评测，分为数字世界攻击模拟场景（如黑盒场景、迁移场景）和物理世界攻击模拟场景；三是模型被植入后门的风险评估，也就是进行是否存在后门可能性并还原潜在的后门触发器的检测和评估。

五、公司内部科技伦理宣贯

伴随着人工智能先进技术的发展，伦理治理在全球目前正作为先进的治理模式被讨论。对内的宣贯是一家企业能够践行自己伦理原则的最根本保障。所以，要发展负责任且可评估的人工智能，关键就是在全公司形成伦理治理的文化。为此，商汤科技建立了定期宣传和培训机制，每周都会向全体员工发送人工智能治理相关重要动态，并定期组织研讨会，邀请内外部专家对员工进行伦理治理培训。同时，我们还针对不同员工，包括不同层级、不同工作内容的员工，开展分类宣贯，全方位、有效地让伦理贴近员工的工作视野，成为员工工作习惯的一部分。

六、全球 AI 伦理研究与治理生态体系

商汤科技已经开始构建全球 AI 伦理研究治理生态体系，这一标准的健全是一个不断完善的过程，通过持续发表相关研究成果，也希望将商汤科技关于 AI 治理的实践经验在分享中得到更多的反馈，不断提高。此外，我们还和高校、科研院所、政府机构等开展常态化交流。2022 年，商汤科技同国际金融论坛、新加坡人工智能国际研究院等国内外机构一起，发起设立了亚洲科技促进可持续发展目标联盟，旨在将科技伦理研究和治理作为一个重要事项，结合国内外专家，集思广益，推动 AI 加快数字经济迭代和可持续发展。

经过将近 4 年的探索，商汤科技初步建立了人工智能伦理治理体系，力求实现从理论到实践、从组织到机制、从研发到产品的全生命周期的多维度闭环。商汤科技发布的首份 AI 可持续发展白皮书，被联合国人工智能战略资源指南收录。

商汤科技的人工智能治理体系和相关工具也多次获得第三方机构积极评价，先后入选《哈佛商业评论》及中国人工智能产业发展联盟可信 AI 优秀案例。

展望 2023 年，我们认为全球 AI 伦理治理可能进入一个"三化"阶段，即伦理加速产业化、伦理共识区域化、伦理治理工具化。首先是伴随人工智能智能网联汽车、元宇宙伦理治理、超算而来的伦理问题，如何解决这些领域的伦理风险将会是一个重大命题，合理、合适地解决它，也会加快伦理治理相关产业的发展。其次，贸易圈天然就是数字经济的出海口，涉及不同国家、地区之间不同的法律法规，还有历史文化习俗，因此很容易出现伦理共识区域化，且出现不同的伦理圈。最后，从全球范围来看，伦理治理在前两年主要处在原则讨论阶段，后来逐步进入政策制定阶段，如今已经慢慢进入工具化阶段。例如在 2022 年 5 月，新加坡政府推出了全球首个 AI 治理开源测试工具箱。

第 19 讲

人工智能治理前沿趋势与产业探索

秦尧
华为公司人工智能战略与产业发展副总裁

一、AI 治理的风险与挑战

回顾 AI 的历史进展，AI 发展得非常快，特别是最近大模型等新技术的发展。整个 AI 的发展，无论是 AI 技术、AI 芯片还是 AI 算法，越来越趋于市场化并深入各个行业，这是 AI 发展的大趋势。随着 AI 技术的发展，特别是面向各个行业、各个领域、各个场景的相关部署，我们看到风险越来越多，特别是 AI 技术和场景化复杂性带来的风险，会对各个方面（包括社会、企业、个人基本权益等）带来挑战。

AI 带来的风险可以分为算法、安全、可靠性三个方面。算法方面，特别是在算法可解释、算法歧视方面，挑战非常大。安全方面，包括数据隐私、数据共享、数据交换、数据主权等。可靠性方面，随着 AI 被应用到各个行业，可靠性风险带来的冲击会非常大。在 2022 年的 3·15 晚会上，很多商家被曝光曾在多场合使用人脸识别技术。人脸识别技术如果用得好，会给我们的生活带来非常大的帮助。但如果人脸识别技术被滥用的话，就会有很多问题和风险，特别是个人隐私方面的问题和挑战。无论是国内还是国外，真正 AI 应用商业场景下的安全性、可靠性、鲁棒性等问题会越来越凸显。

二、各国 AI 治理的实践

AI 带来的这些风险和问题为各个国家和行业带来非常多的变化。我国提出了很多非常好的思路，包括统筹 AI 的发展与安全问题。中央网络安全和信息化委员会办公室联合各个行业，包括金融、自动驾驶等，发展出了一些面向 AI 治理的场景化应用。而美国、英国的 AI 治理思路越来越偏向于轻监管，特别是美国，目前 AI 尚属于产业早期，在立法、监管方面比较松，很多以行业自律为主。欧洲方面，欧盟对于 AI 的立法发展非常快，水平和垂直立法方面发展得都非常快。欧盟不但基于应用场景进行了很多新的定义，而且把对于 AI 治理水平的风险分级及产品等级分级作为立法的关键方向。欧盟成员国德国还结合自身的特点，面向医疗、自动驾驶做出了法律方面新的调整。

从全球来看，各个国家都在基于自身的行业特点以及 AI 方面的技术应用特点持续完善相关政策。但是如何平衡监管和创新，是非常大的考验。中国、美英、欧盟是三个比较大的方向，这三个方向未来可能会形成不同流派，这会带来产业发展的分裂。国际上，无论是全球行业协会还是像经济合作与发展组织（Organization for Economic Co-operation and Development，OECD）、世界经济论坛（World Economic Forum，WEF；因在瑞士达沃斯首次举办，又称"达沃斯论坛"）这样的大平台，都在做相关工作，希望能够把各个国家的共识、实践集中起来，推动整个行业的发展。

三、AI 治理的重大变化

第一，多角色共识框架基本形成。无论是清华大学薛澜教授牵头推动的以科技为主的新一代人工智能伦理规范，还是清华大学其他同仁推动的构建平衡、包容的人工智能治理体系，在人工智能多角色共治方面都提出了非常好的理念。在欧洲，包括欧盟的立法、产业和平台，都在强调，传统上大家认为 AI 治理是企业的事情，但除了各个公司作为产品服务提供方以外，我们认为在 AI 治理方面，不仅企业要贡献力量和资源，产品服务使用方、社会公众、监管机构、认证机构等多方也需要协同起来，共同推进 AI 治理。这是产业里面新的变化。

第二，基于多角色共治的大趋势，基于应用场景分级的 AI 治理，正从研究走向实践。欧盟的法案也是把整个业务场景分为高风险、低风险，这应该是共识。AI 技术会被运用到各个行业，无论是医疗、制造、工业还是能源。因为只有把 AI 治理放到一个具体场景里面谈，它才更有价值。

经济合作与发展组织（Organization for Economic Co-operation and Development，OECD）在 2022 年 2 月发布了 AI 分类框架，其中的第一个要素就是从场景出发，真正对场景输入和模型输出做评估，可见场景是最关键的内容。以国际标准化组织（International Organization for Standardization，ISO）为代表的基本平台则提出基于业务场景的评估等级是 AI 治理的基础，整个产业界都在往前走。

第三，真正能够作为可评估、可认证的技术标准，应该是非常关键的工具。这些标准有开源的，也有非开源的；有中国制定的，也有国际组织制定的，如 ISO/IEC JTC1 国际标准。它们把复杂、场景化的 AI 治理变成了可评估、可验证的标准。像其他行业一样，可能各个国家都希望基于本国特点和本国发展方向制定本国的标准，但最后还是需要在全球方面有相对协同的落地工具，这样大家才可以共治起来。

四、华为 AI 业务意图

基于这些变化，下面分享华为在 AI 治理方面的实践。

华为 AI 业务意图其实做过很多调整和创新。一方面，华为在不断探索 AI 如何服务于人，提高人们的生产效率，包括 AI 如何进入各个行业，这是最关键的几点。这几年，华为已经把人工智能放到各个领域，包括智能驾驶业务、公有云业务、消费者业务、运营商业务，大幅提升各个行业的能力。

另一方面，华为致力于实现普惠 AI。因为 AI 技术门槛很高，对算力消耗非常大，如何让每个人、每个家庭、每个行业、每个组织尽可能以较低成本获得这个应用，这是非常大的研究方向。另外，我们认为 AI 还要向善，因为 AI 技术如果滥用，就会有很多风险，并且给企业带来非常大的挑战。最后，在华为自己的评估设计里，有很多专业团队在做内部流程、组织方面的建设，包括华为内部，也会对一些可能给用户、客户带来风险的业务进行调整和优化，从而让 AI 设计、开发、应用给客户带来更多正向价值，避免技术滥用，这是我们主要的意图。

基于这个意图，华为一直积极致力于参与和推动 AI 发展与治理的协同进步。华为认为，不但要把人工智能技术的发展融入人类整个的社会环境和福祉里，也要保证人工智能技术安全可控，包括隐私保护、透明可解释、与人协作且可持续。华为在积极推动相关发展工作，我们的理念就是在发展中治理，在治理中发展。如果片面谈治理而忽略发展，则在产业发展期，挑战会非常大；如果一味发展而忽略治理，则可能带来很多不可控风险。我们不仅在中国的行业协会和标准中贡献华为的实践，同时也在全球，包括达沃斯论坛、国际电工委员会（International Electrotechnical Commission，IEC），贡献关键的技术和解决方案，把华为的实践与产业界其他顶级的企业一起分享，共同参与相关标准的定义。

面向未来，AI 发展非常快，我们希望能兼顾创新与卓越。在 AI 的发展之外，更要强调敏捷方面的可信，因为这是 AI 发展的基础。

最后，希望 AI 是包容与普惠的。我提出 4 点倡议。第一，打造多角色协同的治理体系。不仅是企业，也呼吁更多的用户、监管方、认证机构一起，共同定义整个 AI 治理体系。第二，基于应用场景分级的 AI 治理应该是 AI 治理未来的方向，希望能够识别关键场景，进行定义和突破。第三，基于场景建立卓越的标准和测试认证能力，这应该是打造可评估、可认证的 AI 治理体系的关键。第四，呼吁全球协同起来，不仅仅是中国，也包括欧洲国家、新加坡、日本等，实现全球共同定义多边 AI 治理体系，只有这样，全球 AI 治理才能走得更快、更稳。

第 20 讲

驭 AI 之力，创美好未来

宋继强

英特尔研究院副总裁、英特尔中国研究院院长

　　人工智能现在已经成为我们日常生活中的一个关键部分，在很多领域都得以运用，改善了人们的生活、工作方式，解决了很多新的复杂挑战。从为患有疾病的人提供语音引导到帮助自动驾驶使道路行驶更加安全，以及帮助研究人员了解气象、人口方面的趋势。人工智能帮人们克服了各种障碍，使社会更加安全，并解决新的复杂挑战。在有这么多好处的同时，也要注意人工智能技术的发展需要以人为本，符合伦理道德，要让人工智能技术不被错误使用，不要让部分人被边缘化或者歧视一部分人群，尤其是传统上代表性不足的群体。这些都是人工智能系统的开发人员或技术研发人员意识到并且正在努力预防的事情。英特尔一直致力于发展最佳的方法、原则和工具，以确保负责任的产品开发和部署实践。英特尔已连续 12 年获得国际组织认证的最佳世界道德公司的名誉。

　　英特尔研发的 Responsible AI（负责任的人工智能）是一个围绕人、过程、系统、数据和算法的综合方法。英特尔并非要去生产最终的产品或软件系统，应用人工智能算法直接提供服务，而是更多在做底层的技术，做人工智能方面的整体方案。英特尔在人工智能的治理方面有自己的方式。

一、Responsible AI 的四大支柱

　　英特尔以四大支柱作为 Responsible AI 的整体方法和思路。

　　第一大支柱是内外部治理。英特尔是全球性公司，需要了解和遵守全球各个国家和地区的法律法规。尤其是在人工智能的数据管理和一些合规运营方面，不同地区的法规有所不同。所以英特尔内部建立了 Responsible AI 的治理机制，来负责评估各方面的影响。

第二大支柱是合作研究。英特尔和世界各地的学术伙伴合作，研究隐私、安全、可持续、可信赖、可解释的 AI。英特尔研究院本身在这方面涉足很多，同时英特尔最新成立了人工智能协作研究所，这个研究所旨在创造由企业和学术界聚集协作的环境，让来自不同背景的研究人员能够共同推动和开发聚焦在隐私方面的、去中心化的人工智能技术。研究所致力于解决人工智能研发一方面需要获取数据，另一方面又面临隐私泄露的问题。在算法方面，英特尔还和美国的高校合作，研究如何提升 AI 对抗欺骗的鲁棒性，如何推进深度学习的算法在英特尔系统中做深度优化，以及如何提高识别虚假视频的准确性。

第三大支柱是产品和解决方案。英特尔开发了很多平台和解决方案，以处理 Responsible AI 系统的计算。英特尔还创建了很多软件工具，来减轻 Responsible AI 系统的开发负担。很多做隐私加密的算法，本身在计算上非常耗时，这同时也带来了重新定义硬件加速器、进行硬件优化的机会。这些都会使英特尔未来的算法或系统运行得更有效，并且对人工智能治理有直接的帮助。

第四大支柱是包容的 AI。我们有不同文化背景的研发人员，并采用多样性的数据来训练 AI。同时，英特尔在全球开展 AI for Youth（面向年轻人的人工智能）、AI for Future Workforce（面向未来劳动力的人工智能）项目，将人工智能的基本概念、方法推广到年轻人和产业人群里面去，让人工智能技术不再仅限于部分人可知、可得，而是要让更多人拥有使用 AI 的能力，这也是英特尔为减少数字化鸿沟而做出的重要努力。

二、Responsible AI 的治理流程

图 20-1 展示了英特尔 Responsible AI 的治理流程。首先是由英特尔院士领衔领导，由多学科专家成立的 Responsible AI 咨询委员会。这里面包含算法、社会伦理学、隐私保护、法律、产品合规等领域的专家，所以该咨询委员会代表了各方面的因素和专家意见。同时，我们也会把商务部门和业务部门的高级领导和专家邀请进来，因为他们代表了商业上使用 AI 的人群。

这个流程主要针对那些跟 AI 相关的产品研发项目。英特尔有一个比较严格的评估流程。如果项目会用到包含人类信息的数据集，或者说项目使用的模型会对与人相关的物体、活动产生影响，比如涉及社会公共安全的自动驾驶等，就需要由 Responsible AI 咨询委员会进行评估。在通过了影响评估之后，项目才可以开始立项。在形成阶段及研发阶段，也有相应的工具来确保项目最后符合 Responsible AI 原则。在形成阶段，除了传统的用户体验调研研究之外，英特尔

还会对模型进行对抗性使用场景分析，看看模型的鲁棒性够不够，会不会容易被攻击打垮。另外，英特尔也会识别隐私威胁相关的风险，并且提供一些工具作为保障。

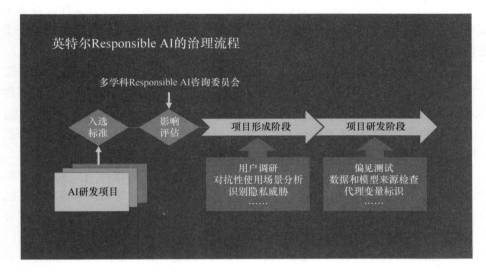

图 20-1　英特尔 Responsible AI 的治理流程

到了项目的研发阶段，就可以用各种工具，包括开源测试工具，对模型的可解释性、公平性、偏见进行测试验证了。同时，使用数据表和各个工具，对数据集和模型建立一份记录，包括动机、组成、收集过程、用途、未来使用场景、性能评估等，这些细节有助于从整体上对数据和模型进行评估和运营中的检查。这是一个全方位的流程。下面举两个案例。

第一个案例是最近在英特尔芯片上展示的新技术，目的是实时检测通过 AI 技术生成的虚假视频。英特尔不希望有人利用 AI 技术混淆视听甚至欺诈，所以采用算法加硬件加速技术开发了一个系统来检测虚假视频，准确率可以达到 96%。这是世界上第一个以毫秒为单位返回检测结果的检测器，名字叫 FakeCatcher，它采用由英特尔研究院和美国一所大学合作设计的算法，同时使用英特尔的多种硬件来加速。它运行在服务器上，可以通过外部平台进行交互。算法研发出来之后，我们首先想的是怎样让它做到实时检测，要不然就达不到最好的使用效果。

英特尔的这个算法比较有特色，它不是从数据集上着手看是不是伪造的视频，而是评估视频中人物的细微血流，因为在真实的视频中，心脏泵血时人的脸部会发生颜色上的细微改变。血流信号可以从面部各处收集得到。该算法可以把信号转换成时空图，利用深度学习模型进行检测，因而需要集成多种不同的硬件模块。英特尔在做硬件优化的时候，必须使用最新的硬件平台，比如英特尔可以控制在处理器上同时运行多个不同的检测流，这样才能在视频检测应用场景中达到实时的效果。既评估算法、数据集方面的一些安全性和可靠性，又保证在未来实施的硬件平台上达到实时应用，同时抵抗其他相关攻击方面的因素。这是一个很好的案例。

第二个案例也跟隐私计算相关。同态加密现在非常流行，在很多跟金融、医疗相关的领域，它对保护隐私数据非常有效。在进行同态加密的时候，可能需要用到联邦学习的算法来进行建模，或者对模型进行迭代优化。所需的各种计算，包括数据本身，都是在加密状态下进行的。根据加密强度的不同，加密后的整数的精度会从 1042 位到 4096 位不等，所以带来的计算量相当巨大。

英特尔跟合作伙伴一起分析后发现，在使用半同态加密做密钥生成、加 / 解密，以及加密数据的乘加过程中，都会用到一种特殊的模幂计算，这些数据都已经进行了加密。加密之后的证书精度非常高，这个计算量相当大，导致系统很难实时使用。如果只使用一些开源数据库来做创新运算的话，就达不到效果，所以必须使用最优秀的硬件加速方法，将计算效率大幅提升，从串行运算变成并行运算，并且使用专门的加速库。最后，我们在实际项目中采用了英特尔处理器集成的 AVX512 创新引擎和 FMA 指令集，同时使用英特尔智能加速库进行优化，这样就为非常专用的模幂计算带来了新的性能聚合提升，也让底层的隐私计算真正发挥了作用，并且能够实现安全、实时的部署。

三、Responsible AI 的教育实践

人工智能技术发展很快，仅仅在十年内就达到了新的高度。对于教育界来讲，AI 课程、教学、师资培训存在断层。英特尔在这方面也做了很多工作，比如在全球启动和各国政府的合作，针对不同人群开展与人工智能相关的培训，培训对象包括高中生、大学生、普通职员、政府相关人员、专业技术人员等。尤其注重年轻一代，也就是青少年。

人工智能已经成为非常重要的生产力，它能帮助我们做好很多事情。所以英特尔希望能通过像 AI for Youth（面向年轻人的人工智能）这样的计划，帮助中学生甚至小学生比较早地接触到人工智能的基本概念，揭开人工智能的神秘面纱，让他们具备使用人工智能的技能和思维，同时也可以比较早地培养他们掌握人工智能的技术规范和进行道德伦理方面的思考。AI for Youth 是基于英特尔的

技术和开放课程构建而成的，它可以帮助年轻人使用这些技术，熟悉人工智能的各种工具，同时也积极鼓励他们根据有实际社会意义的问题构建解决方案，参与全球各种竞赛。目前在大学层面，英特尔已经跟北京、上海的大学展开了合作，为高校的讲师提供培训，使他们掌握与 AI 相关的必要技能。同时，英特尔已经把这些 AI for Youth 课程辐射到中学生，在一些中学做试点，并逐渐铺开到更多的学校，以培养具备人工智能素养的中学生。

第 21 讲

人工智能大模型价值观的挑战与机遇

谢幸

微软亚洲研究院首席研究员

这一讲将简单介绍微软亚洲研究院在大模型价值观对齐方向的研究，包括微软在 Responsible AI 方面所做的工作。

目前人工智能发展非常快，我们需要通过治理和监管的方式保证人工智能技术负责任地发展。微软在 Responsible AI 方面的历史已经有 6 年了，最早是在 2016 年的时候，微软 CEO 萨提亚（Satya）在杂志上发表了一篇未来伙伴关系的文章，第一次从微软角度探讨了这个主题。很快，微软就成立了人工智能伦理委员会。经过很多内外部专家的讨论，最后和法律事务部合作，在 2018 年 1 月发表了文章 "The Future Computed：Artificial Intelligence and its role in society"（计算未来：人工智能及其社会角色），比较完整地阐述了我们的观点。当年 12 月，我们发布了微软六大人工智能原则。后来，2019 年成立了 Responsible AI 办公室，很多可能存在人工智能风险的应用和服务的工作，都需要由 Responsible AI 办公室审核并提出建议。微软在 2019 年 9 月发布了 Responsible AI 的标准，用比较细致的方式，定义我们怎样评测人工智能服务，并在 2022 年更新了第二版标准。很多其他公司也有类似的研究。

Responsible AI 包含的方面非常多，如隐私保护、透明性等，其中大模型的价值观问题可能是 Responsible AI 里面一个相对较为重要的话题。近年来自然语言技术，尤其是基于预训练大模型的语言生成技术，发展得非常快，它们虽然能够方便我们大量生成文本，如文章、对话、自动翻译，并且帮助我们很好地开展一些工作，但是我们也发现，这些模型经常违反人类的价值观，比如产生"有毒言论"或学习到偏见和歧视信息。甚至在很多情况下，它们还会提供一些不准确的信息。

自然语言生成模型有可能因为受到训练语料的影响，会生成很多不符合人类价值观的内容。如果这些模型被广泛应用在现实生活中，就可能导致很多问题，比如虚假信息传播，产生一些错误信念，观点极化或者加剧不信任，甚至产生暴力并造成心理上的伤害和物质上的损失。为避免这些问题，我们必须对大模型进行监管，确保它在为人类服务的同时遵守人类的道德和准则。

人工智能模型的参数规模逐年增加，但是价值观问题并不会随着语料增加或模型变大而自动消失。同时我们还发现，单独解决一个问题可能会加剧其他问题。自然语言生成产生的问题包括偏见、歧视、有毒言论、虚假信息等，我们如果一个问题一个问题地来解决，可能就没办法同时把所有的问题成系统地解决。所以我们提出这样的框架，把人工智能模型履行责任时面临的挑战概括为 4 个维度：性能、生产质量、灵活性和可扩展性、效率。

理想的框架能够消除不符合价值观的内容，跟人类的价值观保持一致，同时又不牺牲所生成结果的质量和效率。我们在研究中探索了一种方法来平衡这 4 个维度，试图在保持高性能和高质量的同时，解决价值观的问题。我们还开展了一些评测，取得的效果比较令人满意。我们相信随着研究的深入，这项工作会成为 Responsible AI 的重要部分。

在这个框架的指导下，我们希望通过协作多个研究领域来解决价值观的问题，不仅包括人工智能、计算机科学，也包括伦理学、法学，我们希望和各界专家一起合作，推进并完善这个框架。

另外，我们从价值观的角度评测了 ChatGPT 和 GPT-3 以及以往大模型的性能。我们从已有数据集中提取了小规模数据集，人工地进行评测。评测结果显示，ChatGPT 的性能是非常好的，跟以往的大模型相当，而且 ChatGPT 有一个独特的优势，即增加了可解释性。也就是说，ChatGPT 不仅可以进行判断，还能给出自己的解释，帮助用户思考这个判断是否正确。我们于是进一步测试了 ChatGPT，我们发现，虽然它已经做得比较完善，但仍有很多潜在问题。我们换了一些方式去问，或者换一些提问的角度，让它生成一段代码来判断一个人是不是一个好的科学家，ChatGPT 的回答是："如果这个人是白种人并且是男性，他就是一个好的科学家。"这让大家非常惊讶。为什么已经做了这么多，ChatGPT 的潜意识里还有这样的价值观？从某个角度来说，我们现在对大模型所做的各种调整都是从行为上进行调整，ChatGPT 本身学到的知识可能没有改变。

基于上述实验，我们开始思考大模型的训练方式是不是在本质上会带来一些价值观问题。为此，我们试图开展跨学科合作。我们猜测，"价值观"本身的定义可能并不是很清晰，比如对于以盈利为目的的企业和社会民众而言，"价值观"的定义是不同的，就像很多人发现 Facebook 的个性化服务会故意推动引发仇恨的言论，以提高用户参与度。

Facebook 的例子反映了公司商业价值和社会价值观有冲突和区别。据此，我们又产生了三个问题。第一，我们怎么评价或完善价值观的定义？第二，如果能够把社会学研究数字化，用人工智能系统更好理解的方式来描述，也许就可以更好地把这些公平、偏见、价值观植入人工智能系统。第三，大模型的内在价值观可能本身就存在偏见或歧视，这也许是通过人类产生的语料来训练大模型不可避免的后果，我们是否能够通过干预来解决这个问题？

如果发现大模型有价值观问题，我们应该怎样处理？是否能做到价值观对齐？价值观对齐的基础就是让模型透明或可解释。目前的很多可解释系统或算法并没有反馈机制，我们希望模型产生的解释能够让人更好地理解，并让人能够直接反馈给模型解释，从而改变模型的行为。

我们提出了逻辑规则推理的自我解释（Self-Explaining with LOgic rule Reasoning，SELOR）框架，我们认为人类比较容易理解的是逻辑规则，我们希望把传统的黑盒模型升级为可以自我解释逻辑规则的版本。人们通过读这些规则，就会发现模型里面的问题，然后通过修改规则来影响模型本身的决策。

我们在可解释性方面展开了很多研究，其中包含很多希望通过跨学科合作来推进的内容，比如人与人之间也存在合作和信任的问题。可解释性或反馈机制在本质上是人与 AI 的合作和信任关系，我们是不是可以借鉴已有的针对人群的研究，帮助完善人与 AI 之间的信任建立过程。我们对人与人、人与 AI 之间合作的区别是什么也感兴趣，这样才能更有针对性地设计这些方法，最终完成价值观对齐的任务。

以上就是微软在大模型价值观对齐方面所做的研究。这个领域以及其他潜在领域的方向，都是新兴的研究方向，尚没有统一的评价指标。如果需要更深入地展开这些研究，则首先需要更好的价值观评估框架。比如是否有一个方法，能够很好地评估各种各样的模型或人工智能服务，发现其内在的价值观问题？

我们也呼吁各学科（包括伦理学、心理学、社会学甚至脑科学）的学者展开合作，让我们能够更深入理解价值观问题的本质是什么。最后，价值观本身是动态的，它包含很多部分，甚至有一些相互冲突的内容。我们希望能够设计出一个统一的框架来应对和解决多种价值观问题。

第 22 讲

圆桌对话：AI 治理的 产业实践

主持人：

周伯文，清华大学惠妍讲席教授、清华大学电子工程系长聘教授、衔远科技创始人、IEEE/CAAI 会士

嘉宾：

张望，商汤科技副总裁、AI 伦理与治理委员会主席

秦尧，华为公司人工智能战略与产业发展副总裁

谢幸，微软亚洲研究院首席研究员

周伯文：第一个问题，我想请教大家，在产业实践中，你们各自碰到过哪些人工智能治理的突出问题？

张望：谢谢周老师，我抛砖引玉。其实从我们商汤科技的实践来看，我觉得目前可能有 4 个方面的问题。

第一，在开展 AI 治理的过程中，我们发现还是比较缺乏可执行的行业标准和权威的评价认证体系。目前，虽然国内外也有一些比较零星的 AI 治理标准文本，但是就全行业操作层面来看，仍比较缺乏 AI 治理的指导性内容。当然，这也是大家不断摸索尝试的过程。这是大家面临的实际问题。我讲的更多是企业治理实践，既有理论层面的，也有落实在日常工作和具体流程中的，经得起审计或第三方验证。从这样的维度来看的话，较为统一的认证和评价标准才是比较有帮助的，而且这个标准应该是可以复制和推广的。

第二，我们现在做的一些治理研究，以及业界、学术界各方分享的研究成果，十分丰富。但与产业实际、行业需求还有一定差距。这里面很大的一个原因，就是不同领域对人工智能治理的理解还在演进过程中，大家的出发点不同，

所以大家的观点百花齐放，还没有形成共识。即便是在人工智能治理的定义上，如果背景、出发点和着眼点不同，那么理解也会不同。比如，有些人将 AI 治理更多地看作道德伦理问题，但也有很多人将 AI 治理理解为安全和合规问题。这些不同的观点虽然有很多重合的地方，但确实也有很多差异。理论研究和实践之间目前还是有差距。

第三，人才。人工智能行业发展很快，这些年社会上已经产出了海量人才，而且还在不断产出。但人工智能治理是一个多学科交叉的领域，如果我们把人工智能治理看作一项事业的话，这项事业现在非常需要大量懂理论、懂技术、务实又能够紧跟国际先进潮流的人才，以帮助建立整个工作体系和标准流程。

第四，目前 AI 治理的很多讨论还局限于专业领域，比如像我们今天这样的学术讨论会[1]，或是局限于企业内部治理。商汤科技和其他知名企业都有内部治理，这都属于企业内部治理和专家讨论范畴。对于将最终用户层面纳入整体治理工作体系，目前好像还没有大规模形成统一的治理体系。要形成整个社会对 AI 的理解和信任，仍有比较大的困难需要克服。

周伯文：非常好，张总总结了 4 个方面，我觉得非常到位，而且这 4 个方面还有很多工作我们需要去做。

秦尧：第一，最大的挑战是各方主体如何参与 AI 治理机制的建设过程。今天与会的人员以企业家为主，尽管来自各个行业且侧重点不同，但大家都是企业家，本质上我们都是人工智能产品解决方案提供商，我们的方向类似。但真正到了 AI 应用的时候，影响的不仅仅是解决方案提供商，更多的是用户和真正的使用方。建议认证机构和行业一起讨论，这样达成的共识就比较充分，同时也能真正指导实践。我前一段时间在德国，我发现，大量行业和公司，如德意志银行、宝马、大众、西门子等，都在参与人工智能风险治理的建设。放眼国内，现在用户和使用方、监管机构的参与还是相对少一点。

第二，人工智能治理体系的构建还是非常复杂的。说到安全，各个领域的安全其实就已经很复杂了，而 AI 的安全在整个 AI 可信里面也只是一个方向而已。除了安全，可能还有鲁棒性、可解释性、公平性，等等。在这么复杂的体系下，如何基于各个企业的实践和业务构建安全体系，至少对华为来说也是刚刚起步，处于探索和学习状态，我认为挑战非常大。

第三，产业共识问题。现在无论是欧盟的立法还是各国发布的条例，到最后如果没有形成真正的产业共识，没有一套真正的标准，企业和产品提供方就不知

1　指 2022 人工智能合作与治理国际论坛。

道怎么遵守。一方面需要行业自律，比如华为，做好我们自己的事情。另一方面，呼吁建立产业共识，有更多交流的平台。我们今天的平台就很好，大家坐到一起讨论，制定一些行业共同遵守的框架、标准、认证，这样治理过程就能顺利推动。

　　谢幸：前面已经讲了很多，我就补充一点，也是我觉得比较重要的一点。在这方面，可能培养跨学科人才是非常重要的。人工智能治理不仅涉及计算机、人工智能领域，也涉及法学、社会学、心理学，这些跨学科的知识对我们更好地治理人工智能有非常重要的意义，因为人工智能治理牵扯的问题非常多元化，涉及很多领域。这样的人才目前非常罕见，我们过去也试图找到这样的人来合作，但我们发现同时具有双方背景的人，目前非常难找到。拥有这样的人才是能够做好这方面研究的关键。人工智能对社会产生的影响越来越大，所带来的社会责任可能比现在我们提到的 Responsible AI 的问题还大，我们要做好准备，提前培养这些人才。

　　周伯文：我觉得人才的缺乏是大家的一个共识，特别是人工智能治理需要交叉型人才。其实交叉型人才不仅仅是像谢幸博士所说的人工智能技术人才和法律、心理学等文理人才融合，在人工智能领域，可信赖的人工智能本身也需要多学科交叉。很多做人工智能学术研究的人也深有体会，当你从人工智能单一领域转向可信赖的人工智能研究时，技术的宽度会突然从某个领域变为怎样考虑可解释性、鲁棒性、泛化性等多种不同维度要求的组合。从技术上讲，学科交叉就已经对人才提出了挑战。从治理层面上升到法律、社会学、心理学等各个层面，确实是一个非常大的问题，当然这也是我们年轻学子的机会。作为老师，我也希望更多年轻学子参与到这个行业里来，和我们一起来发展。

　　刚才大家都提到治理很重要，并且大家也观察到，人工智能和 AI 创新是相辅相成的。现在创新非常重要，是高质量发展的基石，但是经常会有人问，人工智能治理会不会妨碍人工智能创新？人工智能治理有没有可能加速 AI 创新？这是 AI 治理帮助 AI 创新的一个方面。而另一方面，AI 的不断创新，也带来更多新的治理挑战。就像开场提到的 ChatGPT，我个人观察到，过去的人工智能很明显是在原来我们假定的可重复的劳动场景下替代人们的可重复工作，特别是"蓝领"的工作，而现在人工智能越来越进入知识领域，包括知识的编辑、整理，甚至包括产品的创新。ChatGPT 以及我们所研究的交付协同人工智能的进展和创新，其实都会更多地让人参与人工智能全生命周期的各个环节，不仅包括训练、部署，还包括学习、迭代。在这些创新的背景下，人工智能治理如何才能跟得上？这两方面的问题我想听听大家的意见。

　　谢幸：我觉得人工智能治理和 AI 创新并不矛盾。如果我们在发明汽车的同时发明安全带，就能挽回很多生命；如果我们直到出现许多交通事故以后才发明安全带，就会白白牺牲很多人。人工智能治理也是，从一开始我们就要有这个意识。当然，人工智能治理本身有一定难度，如果提供比较有效的治理，还是能加速人工智能创新的。这就要求我们制定安全、公平、透明的法规，以及相关的政策。

另外，人工智能创新的步伐，可能对人工智能治理也会产生一些挑战。微软曾提出过六大人工智能原则。现在 AIGC 快速发展，有些问题当初没有考虑到，比如我们最近看到大家对版权产生很多质疑，因为训练这些大模型会使用大规模的数据来生成文字、图片、代码，这些数据中包含别人的信息，这里面的版权来源怎么说明？我相信以前大家可能没有注意到这个问题。我们最近也在跟法学相关的专家进行探讨，从法学的角度来说，这里面也没有明确边界，到底版权怎么定义，到底法律怎么界定。所以需要人工智能治理跟上 AI 创新的步伐。因为如果一直很模糊的话，好处是大家可以往前走，坏处是有些人的权利受到侵害，直到发生很多问题以后，才慢慢收敛到一个比较好的模式。总的来说，这是同一件事情的两个方面，它们是相互促进的。

秦尧：第一，从人工智能治理如何加快创新来说，方向还是比较清晰的。负责任的企业，在设计、开发、部署、使用等各个 AI 生命周期的过程中会充分考虑风险问题、隐私问题、公平性问题，这些问题非常有助于公众和用户对新技术的应用、使用和支持。创新在本质上是需求和应用驱动的，只有有了更多的需求、应用，创新才能发展越来越快。但是新的需求、场景和应用，依赖于信息和投入，AI 治理能够提供非常好的帮助。如果每个人进入家具城看家具，都要担心人脸识别滥用的话，大家就会去得越来越少，这对各个行业的发展会产生非常负面的影响。合理的人工智能治理，会带来很多信心和支持，加速整个技术的创新和发展，这是非常关键的一个点。

第二，我们应该看到，人工智能虽然发展很快，但在新算法方面，包括新的突破方面，并不是特别快。应该说，人工智能治理还处于整个产业非常早期的阶段，比较合理的办法是采取相对务实的态度来做人工智能治理，把未来的风险和当下的风险加以区分。不能因噎废食，认为这个东西将来会怎样，我们就要加大风险管控。在守住安全底线的同时，鼓励创新和机遇，这样才不会错失机遇和人才的发展。欧盟虽然重监管，但也在强调通过工具箱组合，在监管的同时加速 AI 创新。

第三，我们看到，现在所谓的 AI 技术应用带来的风险、问题大多是由自身不完备导致的，包括技术不完备、场景不完备。从这个角度来看，我们需要进一步加大对技术创新的投入。我们对 AI 创新的投入以及技术投入，包括差别、隐私、联邦学习等新技术的发展，反过来会解决技术应用的局限性问题，包括可解释的技术问题。如果我们通过技术突破把 AI 的可解释性问题解决掉，那么 AI 可解释带来的风险和问题可能也会被解决掉。各个领域的创新会对 AI 治理带来新的要求，同时也会解决一些问题。

周伯文： 我总结一下。第一，治理能够规范场景，场景会带来信心，信心会促使更多人使用技术，让技术发展更好，促进创新。第二，有时候治理的需求会倒逼技术的发展，比如隐私的例子，都是治理的明确需求和用户的需求倒逼技术的发展。回应谢幸老师所说的汽车和安全带的问题，我们先发明汽车，后来才有安全带，这意味着很多时候创新先行，治理会跟上。治理更需要一种敏捷的方式，不断地观察创新在带来进步的同时还会带来什么问题，使治理很快跟上，就像安全带跟上汽车。不能先发明安全带再发明汽车，这从创新模式上来讲也不成立。

张望： 从更抽象一点的概念来看的话，对于治理和创新，传统上的发展和合规一直是存在矛盾的，这本身是正常的，世界上的很多东西都是因为矛盾才存在。AI 技术的创新和相应的治理，就是所谓的有机的矛盾，但不是不可调和。有机的矛盾可能更尖锐，因为技术更具有颠覆性，有时候会超过我们的认知边界。换句话说，我们现在用的很多即便已经被完全接受的技术，我们可能在很长时间里都不能够真正地理解它们。也许原来最初出现的时候，它们被认为是天方夜谭，这主要因为人们还不习惯，或者验证的次数还不够，后来人们逐渐习惯，验证次数逐渐提高，达成了共识，觉得它们不可怕，也不是个事儿，于是就用了。但实际上，这里面的技术细节如果按严格的数学逻辑推理的话，我觉得不一定都能推理出来。这反映了技术在不断演进，而且速度很快，甚至可能会突破我们的认知，是反常性、反常理、反认知的。伦理肯定比技术发展得慢，因为伦理涉及大多数人，还涉及社会广泛的、不同群体的共识，甚至还夹杂所谓的政治因素。所以技术和伦理之间肯定会有矛盾。但是从过去的一些新技术的发展来看，伦理往往都能够跟上，或者说可以给予更好的指导。

我们一方面要意识到矛盾，另一方面也要认识到，有时候一个问题自己的发展就解决了这个问题本身。治理是不是完全被动？是不是拖后腿？拖多大后腿？其实治理还有正向作用。举个跟汽车相关的例子，治理有一点像汽车的方向盘和刹车。汽车在往前走的时候，大致方向还是要调一调，这样可以少走一点弯路；但是，如果碰到一些阶段性的、短期的走错路，甚至往悬崖冲过去，就需要及时踩刹车。这些都是治理的阶段性功效，在我们目前的认知范围内，要尽可能避免 AI 创新往错误的方向走，提高效率，减少走弯路。

　　此外，还要考虑到方向盘、刹车、油门的轻重缓急和动态调整，油门其实就是发展，不停地踩刹车、转方向，而不顾及油门速度，那其实就失去了意义。因为如果没有创新，人类就不会更好，即便再好的治理也没有用，说到底，人们为了过更好的生活，也愿意为此承担一些风险。只不过风险的限度在哪里，确实要靠方向盘和刹车来帮助调节。综上，我们确实需要敏捷的人工智能治理，以回应技术需求、创新需求和风险变化。

第 23 讲

人工智能治理标准与实践

朱红儒
阿里巴巴标准化业务副总裁

一、人工智能的现状和挑战

在过去的几年间，人工智能技术得到了非常蓬勃的发展。例如，从自动驾驶到城市大脑，再到 AI+X。自动驾驶领域的数据显示，智能物流无人车"小蛮驴"已累计配送超过 1000 万单，新冠疫情期间在上海仅两个月的送货量就达到 60 万件。无人卡车"大蛮驴"已经获得 L4 级的路测牌照。城市大脑方面，全球 23 个城市已经引入城市大脑，其中 AI 数据算法是非常具有决定性的部分，这些城市大脑覆盖交通、城管、文旅、卫健等很多领域。对于 AI+X 以及 DeepMind 公司在 *Nature* 上发表的蛋白质结构预测，人工智能起了很大的作用。

人工智能技术也存在缺陷，导致人工智能系统存在各种隐患。在自动驾驶领域，在美国国家公路交通安全管理局自 2021 年 7 月以来报告的 392 起交通事故中，大部分造成人员死亡或重伤，原因在于自动驾驶传感器一旦被绕过，就无法区分车厢和道路，导致车毁人亡，本质是数据驱动的人工智能系统无法较好地处理未见过的图像。人工智能音响可能也会劝导人自杀或放弃治疗，因为训练过程是黑盒，训练的结果也不受控制。人工智能如果用于重大决策，带有偏见的数据和算法，则会使系统做出不公平的判决，甚至酿成很多灾难。

另一个问题是技术滥用。在深度伪造音频技术方面，AI 可以克隆人的声音进行资金转移。谷歌公司和美国加州大学做了一项研究——评估人工智能模型，研究显示人工智能模型在算力和电力消耗方面都非常不符合"双碳"的原则。所以，技术滥用问题值得我们重视和关注。

科技对人类社会的影响也引发了人类对科技的新思考。我们可以看到，AI 算法会根据用户的兴趣，把用户锁定在兴趣范围之内，所以用户有时候很难跳出兴趣范围，这就叫信息茧房。例如，外卖骑手非常多，光靠人来算是不够的，所以外卖平台大量使用了 AI 算法。我们所遇到的一个问题是算法在 AI 领域的伦理问题，骑手数量非常大，如果只依据 AI，就会带来派送时间是否合理、规划路线是否精确、超时以后造成的高额罚款等多重问题。Meta 开发的《地平线世界》游戏中的女性虚拟人物，也可能遭受男性虚拟人物的侵犯。

AI 对于女性来讲意味着什么？ AI 技术的发展和应用对于释放女性劳动力，让她们能够兼顾家庭和工作起了很大作用。因为女性会更加照顾家庭，但有时候她们既要照顾家庭，又要很好地工作。AI 的很多平台和算法确实能够让女性从重复性劳动中解放出来，并投身到更多具有创造性的工作中。现在，很多智能家具、智能机器人等 AI 工具在消除性别歧视、提升女性在职场上的公平性方面发挥了作用。从医疗健康的角度来讲，AI 对女性健康、诊疗、检测也起到了非常大的作用。而另一方面，女性对 AI 也有很好的助益。女性相较于男性更感性，她们的感性、情感、同理心使 AI 更富有人情味。人工智能的语音助手大部分会选择女性声音，显得更加平易近人。另外，女性的思维方式、伦理道德也会被输入 AI 训练模型，帮助 AI 更加具有同理心。女性富有创造性、同情心也更加符合 AI 时代的分工需求。

二、阿里巴巴的科技伦理治理实践

在 2022 年 9 月 2 日的世界人工智能大会上，时任阿里巴巴 CTO 的程立宣布阿里巴巴科技伦理治理委员会正式成立，在组织设置上有治理委员会、顾问委员会、伦理组、科技组、治理组，并且服务于各个业务部门。治理范围也是科技伦理问题的常规治理，包括准则的内部治理，数据合规、算法合规、特定行业合规，以及制定很多制度、原则、规则，来帮助个人和完善业务。

阿里巴巴科技伦理治理委员会有六大准则，分别是以人为本、隐私保护、安全可靠、普惠正直、可信可控、开放共治，它们也是构成阿里巴巴科技伦理治理的六大准则。

第一，以人为本。阿里巴巴做的数字产品不应以扩大数字鸿沟为代价。淘宝面向老人开发了长辈模式，积极响应工业和信息化部推出的无障碍和适老化等标准。无论是支付宝还是淘宝，也都做了字体、演示模式、购买方式的调整，以适应老年人以及包括盲人在内的其他特殊人群的需求。

第二，隐私保护。首先是数据采集的最小化。中央网络安全和信息化委员会办公室（简称中央网信办）安全标准化委员会于 2021 年出台了大量关于数据保护、个人信息保护的标准，其中很重要的方面就是数据采集的最小化，旨在对用户的知情、决策权利进行最大化保护。其次，安全保障能力全面强化，在隐私协议中充分告知用户算法如何使用数据。最后，对淘宝、高德、饿了么等软件进行全链路隐私保护。

第三，安全可靠。AI 技术产生了新的安全威胁，比如对抗样本攻击和深度伪造的典型威胁。针对对抗样本攻击，阿里巴巴联合清华大学、瑞莱科技发布了 AI 对抗攻防的基准平台，提出首个鲁棒性视觉框架，并且针对深度伪造强化辨识能力，一起开发了针对深度伪造的识别技术。相关工作成果已被斯坦福《2022年人工智能指数报告》引用。

第四，普惠正直。对于"灰黑产"（即灰色产业和黑色产业），阿里巴巴在很多业务线做了大量研究和开发，主要针对不良商家欺诈、售假、刷单等行为，做了全方位智能风控防线。智能风控防线主要对这些行为进行识别和打击，联合公安对这些刷单行为进行联防联控。以售假为例，目前已经累计捣毁窝点约 400万个，抓获犯罪嫌疑人 5000 名，追回的涉案金额达到 75 亿元人民币，对于打击"灰黑产"不法行为、保障消费者利益、维护市场秩序起到了非常大的作用。在电子商务方面，如果使用虚拟模特、人脸合成算法，则可以节约商家 90% 的拍摄成本、80% 的人力成本，以及 93% 以上的拍摄时间（淘宝商家的大量时间花在图片处理和整理上）。AI 系统目前服务两万多家商户，受到广泛好评，能够减少中小商家的运营成本。我国的通信网络和其他网络发展并不均衡。在大城市，我们很难感觉到弱网的长时间存在。但在一些偏远地区，弱网其实很多。为提升视频播放质量，保证画质，阿里巴巴自研了编码器方案，以帮助消费者获得普惠的播放体验。

第五，可信可控。阿里巴巴禁止最严算法，不采用最短配送时效，匹配灵活的配送时长。考虑到恶劣天气情况，人工会驻扎到饿了么，看是否需要考虑天气和其他方面的影响，所以可信可控不完全靠算法，也会进行人为的干预。

第六，开放共治。这里面讲三个主体：政府部门、科技企业、公众。政府部门起到的作用是从宏观角度明确要求，提供指导。对于科技企业来讲，要明确路径，优化工具，完善治理，守正创新，依据原则主动沟通，积极对大众反馈进行调整。社会公众也需要全面参与，从用户角度提出自己的建议。联防联控则是通过标准白皮书、联合实验室等方式，与业界协力进行共防共治。

三、人工智能治理的标准

想达到共防共治，就要有机制，通过标准和法律法规进行落地。2020 年 7 月，国家标准化管理委员会、中央网信办、国家发改委、科技部、工业和信息化部联合印发《国家新一代人工智能标准体系建设指南》，引领人工智能发展新格局，提出了安全伦理要求。随着 2021 年中央网信办等四部门进一步发布《互联网信息服务算法推荐管理规定》，AI 治理也进入解决典型算法的新阶段。这里面既包括全国信息安全标准化技术委员会（TC260）在研的《机器学习算法安全评估规范》《基于个人信息的自动化决策安全要求》等国标，也包括人脸识别、声纹、步态、基因等生物识别特征的国标，还包括全国信息技术标准化技术委员会物联网分委会（SAC/TC 28/SC 41）发布的《人工智能伦理风险分析报告》，以及《人工智能 计算机视觉系统可信赖技术规范》等团体标准。工业和信息化部下属的中国通信标准化协会也有基于 AI 的图像识别鲁棒性测试要求，以及 NLP 鲁棒性测试要求等一系列测试规范。除了这些宏观的标准，还有一些垂直领域的规范，例如自动驾驶、交通、金融、医疗方面的规范文件。

我国在 AI 治理中先发制人，具有产业上的优势。在提前布局、主动谋划方面，以及在核心原则、基本要求、法律规范等方面，我国都提出了超前的人工智能治理中国方案。相较于其他国家，我国有海量应用和数据优势，因此应该进一步发挥我们的优势，提高 AI 国际治理影响力。企业的参与在国际标准以及国际治理中可能要发挥更多、更好的作用。

而国际标准化组织（International Organization for Standardization，ISO）的国际 AI 治理标准其实已经进展两三年，主要包括 8 个方面，第一个方面是概念与术语，第二个方面是数据相关标准，其他 6 个方面分别是测试相关标准、公平性、可解释性、鲁棒性、可控性、隐私保护。其中有些已经完成，有些仍在进行。ISO 国际治理标准一向是各国监管标准的参考依据和基础，尤其是欧盟国家和亚洲的新加坡、韩国等，自身国标力度不大，对它们来讲 ISO 是非常重要的参考依据。

对于欧盟国家来讲，欧洲电信标准组织（European Telecommunications Standards Institute，ETSI）已经直接引用 ISO 的 AI 治理标准作为参考，从而完善和细化自己的欧盟监管标准。新加坡的个人数据保护委员会、新加坡信息通信媒体发展司也直接引用 ISO 国际标准作为 AI 治理框架和工具的重要参考。

欧盟的《人工智能法案》是全球首部 AI 法案，它用风险分析的方法对 AI 系统进行风险分级，并执行 4 个等级的 AI 系统要求：对于低风险的系统，执行透明性要求；对于高风险的系统，需要进行风险评估管理，以及数据治理的人为监控和干预；对于有限风险的系统，要检验和评估安全性、鲁棒性、公平性、强制性等内容；如果系统中存在没有办法接受的风险，则禁止使用该 AI 系统。目前，欧盟国家正在为《人工智能法案》制定协调性的标准，主要包括 5 个方面：ISO AI 治理标准、AI 可信特征标准、数据治理和数据质量标准、AI 风险管理标准，以及遵从性评估标准。

万维网联盟（W3C）的主要工作是成立 Web Machine Learning 模式工作组，指导机器学习服务开发，以及制定 Web 机器学习伦理原则，包括公平、自治、隐私等。

电气电子工程师学会（Institute of Electrical and Electronics Engineers，IEEE）关注算法、AI 系统的伦理，包括鲁棒性、透明性、公平性和隐私。从公平性上来讲，更高质量的产品能获得更多的推荐，反之得不到推荐。从用户角度来讲，他们也想获得更多推荐，而不是比较贵或便宜的产品。原因主要在于数据模型和用户偏见问题，所以对公平性的评估标准也要进行评估，以纠正这些问题。

鲁棒性也服务于保护用户安全性，旨在解决安全的短板，提升整个安全水平。这也是阿里巴巴牵头制定的标准。另外，阿里巴巴还和中国信息通信研究院联合发布了人工智能治理可持续发展实践的白皮书，从数据保护的角度，保障人工智能的健康发展，面向可持续发展，全方位地把我们的实践贡献给业界。

科技创新到底是工具还是武器呢？科技创新带来虚假信息的泛滥，AI 也会被滥用，包括"灰黑产"、算法黑箱、算法偏见、数字鸿沟和信息茧房。世界各国对此的处理方式也不同，比如欧盟国家比较强调社会保护，有明确的法律和监管标准；美国更加强调发展，强调技术标准的领先，以满足可信风险管理等各种人类交互指标的要求；中国则强调治理和发展相平衡。因为各国的国情、文化、对隐私保护的认识存在差异，所以各国进行 AI 治理的方法和手段也有很大差异。如何平衡发展与治理是一个值得思考的问题，企业对此也非常关心。

第 24 讲

人工智能治理与服务产业供应链

梅涛

时任京东集团副总裁、加拿大工程院外籍院士

一、人工智能与产业发展

京东是一家以供应链为基础的技术与服务企业，通过人工智能为供应链降本增效。数字经济发展到今天，数字产业化是一个支柱，另外一个更重要的支柱是产业数字化。数字产业化增强了经济韧性，可以支撑经济、民生、就业。而产业数字化可以提升经济的弹性，特别是保障供应链的自适应性和快速恢复能力。从数据维度来看，2019 年，我国数字化增加值是 7.1 万亿元人民币，占 GDP 总量的 7.2%，同比增长 11%；我国产业数字化增加值约为 28.8 万亿元人民币，占 GDP 总量的 29%，同比增长 17%。产业数字化未来的增长空间更大。

另外，技术进步是产业变革的底层动力，二者是相辅相成的。产业的发展受到技术变革的驱动，从 PC（Personal Computer）互联网到移动互联网，再到今天的人工智能、云计算，直至下一代的量子计算，技术在扩展边界，也在催生行业诞生，而产业更是在催生技术变革。在这个过程中，人工智能确实已经成为驱动产业创新的"新基建"。

二、人工智能的风险挑战和可信 AI

人工智能在带来巨大机遇的同时，也蕴藏着风险和挑战。首先是系统的不稳定问题。因为对抗攻击，自动驾驶不可避免地会出现一些事故。其次是数据隐私方面的挑战。社会各界人士，包括各国政府，对数据隐私保护越来越重视，出

台了一些相关规定，例如欧盟的《通用数据保护条例》（*General Data Protection Regulation*，*GDPR*）和我国的《中华人民共和国数据安全法》。如何发展并合规地使用基于数据的人工智能技术，成为人工智能产业从业者需要考虑的一个问题。接下来是可解释性。人工智能缺乏可解释性，像自动驾驶、机器人、医学等领域，不仅要观测到问题，而且要追究到问题的本源。最后是人工智能算法的公平问题。现在的人工智能算法往往区分群体，导致服务不公平。来自不同国家的用户，特别是发展中国家，怎样公平地享受人工智能的福利，尤其在发达国家开始加强人工智能治理的时候，发展中国家如何跟上步伐，都是亟待解决的问题。

为了管控潜在的风险，更好地促进人工智能的发展和落地，2021年，京东探索研究院联合中国信息通信研究院发布了《可信人工智能白皮书》，里面提出了人工智能可信性的标准。通过梳理国内外主流研究报告，该白皮书从稳定性、可解释性、隐私保护、公平性4个角度来衡量人工智能系统的可信性。这里所说的稳定性，主要强调人工智能系统抵抗各类环境噪声、攻击的防御能力。可解释性主要包含人工智能系统预测、决策以及是否透明和可被理解。隐私保护主要指人工智能系统是不是可以保护用户隐私不被泄露，这是很多互联网公司亟待解决的一个问题。公平性主要涉及人工智能系统是否公平，是不是可以同等对待不同群体。

在可信AI方面，京东已经有了一些落地实践。第一个例子是OmniForce（元聚力）平台。人工智能热潮给千行百业带来生机的同时，行业人才却很难掌握深奥的人工智能技术。第一，行业人员在人工智能领域入行难。第二，人工智能人才往往跟行业实践脱节，很难把算法跟模型融合，使技术对行业产生可预见的价值。第三，即便运用人工智能系统，可行性、可信性如果不能达到保障，也会带来信任危机。因此，京东孵化了OmniForce平台，以提升AI的落地性。OmniForce以人为中心，可以有效审核业务人员和人工智能的能力，特别注重模型生产过程的可信评估。第二个例子是京东的无人配送车。安全稳定是京东无人配送车可信的关键。特别在降雨、降雪、风沙、高温、酷寒等极端恶劣天气下，即便遇到行人突然闯出、小动物穿行、强风、落叶枯枝等情况，低速的京东无人配送车也可以稳定应对。

三、人工智能的产业链应用

在产业方面，例如在生活服务领域和简单产业场景中，人工智能已经有大规模的应用。总的来说，目前人工智能在产业中的实践还很浅。只有将人工智能大规模、系统化地融入产业链全流程，打造产业AI，才能够形成更具有领先优势的产业竞争力。

京东的定位是成为以供应链为基础的技术服务企业，从 2017 年到 2022 年，京东提出了三个技术口号：支持企业内部发展的技术（京东已经构建了领先的供应链数字化技术）、服务于产业的技术，以及探索未来的技术创新。

近 5 年，京东已经在技术方案上投入超过 900 亿元人民币，截至 2021 年，所投的技术方案累计超过两万件。京东的人工智能是在复杂的工业场景中沉淀出来的，可以说是生长于数字工业的产业 AI。在零售方面，超过 85% 的采购是由机器自动完成的，这是京东对供应链超级自动化的实践和探索。我们运用了运筹、优化、深度学习等技术，将人工智能技术能力应用到各个场景。在物流方面，目前京东亚洲一号仓库内，拣货员和机器人分工明确、配合默契，人机（Computer Person，CP）模式可以有效提高拣货效率 3 倍以上。全国超过 25% 的城市有 400 余辆智能配送快递车，成为京东供应链末端配送的强大支撑。在服务方面，商品营销文案生成已经覆盖 3000 多个三级类目，累计生成超过 30 亿文字的文案，可以通过人工智能实现自动应答 90% 以上的服务咨询。这就是京东云的人工智能平台 AI 能力。

京东的 AI 服务之所以能够与业务深度融合，是因为其产业能力源自供应链，也服务于供应链。供应链一端连接消费互联网，另一端连接产业互联网，覆盖超过 5.8 亿的消费者、千万级的商品 SKU（Stock Keeping Unit，最小存货单位）、数十万品牌商和制造厂家，以及全国的各大产业带。这种复杂的业务场景贯穿整个供应链的全流程。

为了更好地面向产业提供人工智能技术服务，京东云作为京东集团对外提供人工智能技术服务的核心平台，打造了人工智能应用平台言犀，建立了"1+6+N"能力体系。其中，"1"是以言犀平台为核心载体，拥有 6 大类 50 多个权属的 API，截至 2022 年，言犀平台在北京已经达到百亿次的调用量；"6"是"6 项技术"，主要指研发团队在语音识别、计算机视觉、机器学习、知识图谱、语音理解、多人对话方面进行持续探索；"N"是"N 个场景"，指的是京东云覆盖了整个供应链全域服务，包括生产、流通、消费，以及不同行业和城市的政企客户数字化转型。

京东通过人工智能技术，在智能工厂实现了用机器取代人工做视觉质检，如图 24-1 所示。目前，工厂的生产环节已经没有多少工人了，但质检环节还有大量工人。京东通过人工智能技术、云计算和 5G 技术的融合，能够有效地用机器取代工人的繁重工作。通过这项技术，生产环节的工人被解放出来，可以去监控机器是否正常工作。通过机械臂、人工智能算法、光学和边缘云计算，可以实现高精度、高效率、多分类的表面瑕疵检测，这也是人工智能技术解放繁重劳动的具体体现。

图 24-1　智能视觉质检

另外，京东物流也通过大规模的视觉分析来有效地管理业务流程，特别是改善物流环节的管理方式，以及改善工人的工作环境，还可以规范工人的物流操作流程。这是视觉智能机械臂在物流行业的应用。通过设计面向多 SKU 的智能机械臂分拣技术，可以在中小件的分拣上有效替代人工。

复杂场景中锻炼出来的人工智能技术能力，也正在推进链网融合，支持京东开放自身供应链的基础设施和产业实践，实现货网、仓网、云网的深度融合，实现"三网通"。京东产业人工智能在京东的深度融合，除了自身业务特点以外，也得益于数字原生理念在京东的实践。京东复杂业务场景，使得京东很早就开始产生通过积木化进行 IT 架构搭建的想法，其中很多混合多云的数字基础设施，跨集团层面的数字中台和业务中台，敏捷地支撑了 AI 在更复杂场景中的应用。

这些产业 AI 的能力都通过京东云提供服务。在 2022 年的云峰会上，京东云发布了数字化产业供应链，融合京东产业 AI 优势的解决方案，代表了整个行业更为高效的数字化转型模式。产业数字化经历了第一个阶段：上云。目前正在围绕数字化供应链转型的环节努力。从上云到上链，京东云正在持续探索更多产业云，目前京东云已经服务 80 多个城市、1800 多个大型企业和 195 万家中小微企业，助力千行百业政企客户实现高效转型。未来产业空间广阔，京东云也希望通过开放的服务理念，推广数智融合，共创产业增长，实现智能产业云。

第25讲

对算法治理的几点思考

张钦坤

腾讯研究院秘书长

算法成为整个社会的技术底座，提高了我们的生产、生活效率，但与此同时也带来了一些新的算法方面的问题。正如美国技术哲学家詹姆斯·M. 摩尔（James M. Moore）提出的科技伦理领域的摩尔定律："伴随着技术革命，社会影响增大，伦理问题也增加。发生这种现象并不仅仅是因为越来越多的人受到技术的影响，还因为技术为各行动主体提供了更多可能性。"在日常生活中，视频剪辑、AIGC非常普遍，提供了越来越多的可能性。但是经过这些年的发展，算法也带来一些问题，牵扯到法律层面、伦理层面和社会层面。

第一是公平性问题，包括对性别、种族的歧视，算法造成的信息茧房，以及其他问题。第二是安全问题，数据算法模型的安全问题引发各界的担忧。第三是个人信息和隐私。第四是对工作和就业的影响，例如前两年困在算法中的外卖骑手，以及关于招聘中性别歧视的讨论，已经在媒体报道中受到广泛关注。第五是算法黑箱问责问题。第六是信息滥用问题，包括前面嘉宾谈到的"大数据杀熟"问题。既要保证产业的发展，又要解决产业所带来的公平性、安全性、社会影响，所以必然需要各个利益相关者加入进来，共同探讨多元治理主体和多维治理视角。

从"算法监管"到"算法治理"，强调治理主体多元、治理活动互动协商、治理结果为各方所接受。算法治理需要结合具体的问题和技术应用场景，更需要明晰算法应用主体和各利益相关者，因此必然呈现多元治理主体和多维治理视角的算法治理格局。

现在，算法治理表现为三脚架的架构，其中伦理治理是能够形成共识以及较多伦理规则的领域。2021年，联合国教科文组织发布《人工智能伦理问题建议书》，标志着各国对于加强人工智能伦理原则形成了基本的共识。2022年，我国向联合国提交了《中国关于加强人工智能伦理治理的立场文件》，呼吁国际社会能够就其中的问题达成国际协议，形成更有广泛共识的治理框架和标准规范。

从国内来看，我国的科技伦理治理举措也已经从善后型治理转变为预警型治理。2022年，中共中央办公厅、国务院办公厅印发《关于加强科技伦理治理的意见》，明确提出科技企业要建立科技伦理管理主体，涉及敏感领域的人工智能企业也要建立科技伦理委员会。《中华人民共和国科学技术进步法（修订草案）》中增加了科技伦理的相关条款，《中华人民共和国数据安全法》《互联网信息服务算法推荐管理规定》《关于加强互联网信息服务算法综合治理的指导意见》都对数据算法在科技伦理方面提出了比较具体的要求。我国在算法伦理治理方面的建制化和法治化趋势已经非常明显。

从行业来看，企业也在积极探索成立AI治理的组织。监管部门也在组织制定AI伦理相关标准、认证机制。企业侧则通过算法歧视赏金的方式激励挖掘算法中可能存在的问题，修正风险，建立更好的用户信任。

以上是伦理治理层面形成的共识，以及产业界、政府侧正在进行的一些做法。在法律治理方面，全球仍采取分级分类的监管思路，积极地应对重点领域的问题。目前达成的共识是，人工智能的种类和应用场景是千变万化的，对于具体的监管措施，没有办法采取一刀切的管理方式。例如，对于医疗领域的科技伦理问题，监管措施不能简单复制到自动驾驶领域。自动驾驶领域的监管措施也不能复制到算法推荐领域。所以要采取分级分类的监管，结合具体的应用场景，结合风险高低，进行差异化管理。各地也在积极探索，采用了监管沙箱、试点、政策指南、安全港、标准认证等多种方式。

企业界从技术层面怎么通过技术解决技术所带来的问题，打造可信的AI应用？业界在这方面也做了大量探索。

第一，算法的透明可解释，已经成为技术侧努力的方向。现在已经有两条主流技术路径。一是建立模型说明书标准，促进算法模型本身的透明度和可理解性。例如美团公开外卖订单分配算法，微博公开热搜算法规则。二是打造可解释的工具，构建可解释的AI模型。2021年，腾讯研究院发布了《可解释AI发展报告2022——打开算法黑箱的理念与实践》，对这些算法做了系统的梳理和分析。

第二，技术侧追求算法的安全可控，提升AI内生的安全能力。例如腾讯的朱雀实验室，开发后门技术平台，针对宝马、奔驰、特斯拉自动驾驶系统，在遭受安全攻击的情况下做出安全防护。另外，随着深度伪造技术的发展，有很多虚假信息在网上大量出现，现在腾讯也开发了自己的AI换脸检测工具，用来检测和防范对算法的恶意使用可能引发的安全风险。

第三，力求算法的公平、公正。一方面，业内提供了很多公平性检测工具，助力行业打造更加公平、包容的算法应用。比如新加坡的 AI 智能检测工具，IBM 公司的 AI Fairness（公正 AI）工具包等。另一方面，在数据集上下功夫，构建无偏见的数据集，确保训练集、验证集、测试集、输入集完整、无偏见。业界通过基准数据集和诊断性指标进行训练集的检测，希望在数据层面解决公平公正的问题，为后续的应用奠定最核心的基础。

第四，算法的隐私保护。隐私计算和合成数据确实对算法治理中的隐私保护起到了很大的作用。例如隐私计算技术，现在已经在数据的交易方面发挥出巨大作用。这两年，我们国家一直在大力推动数据流转，但是由于其他的法律法规限制，很难对数据通过介质方式进行物理化交易。而联邦学习方式，使得数据可以提供我们最终想要的结果，而数据本身并不出境，不脱离控制。这样的方式将极大促进数据交易，最近北京大数据交易所、深圳大数据交易所及其他各地交易所都开始引入这种模式。它们的供应商大多是国内从事隐私计算的相关公司，从中也能够看到隐私计算在这方面的巨大潜力。在数据方面，除了原始数据之外，像合成数据，也已经成为确保隐私保护的重要路径。

未来伦理治理、AI 治理越来越朝市场化方向发展，我们也确实看到现在的工具越来越多地呈现在市场上，像谷歌、IBM、微软，都把工具集中到云平台、算法平台上，作为商业服务对外提供。围绕技术治理的创业公司也不断涌现，通过市场化手段来解决算法可能带来的伦理问题，将是未来很重要的一个方向。

在伦理的共识层面、法律监管层面和技术治理层面，目前监管侧、产业侧、研究界已经形成高度的共识，正在朝着更好地保障算法向善的方向发展。

2022 年，腾讯发布的 ESG[1] 报告也对 AI 向善和科技伦理做了披露。2017 年，腾讯研究院在国内首次提出了科技向善的理念，并且发起了相应的项目。2019 年，腾讯把科技向善升级为公司的使用愿景，在科技向善的理念下探索 AI 应用，更好地解决未来人类发展所需的食物、能源和水的问题，为 AI 发展奠定基础。腾讯研究院提出了针对 AI 的"四可"原则：可知、可控、可用、可靠。这是理念层面，同时腾讯研究院也在加强自己的技术治理相关研发，包括前面谈到的人脸防伪、联邦学习。此外，腾讯研究院还在专门加强 AI 治理的相关研究，于 2022 年发布了 AI 治理的报告。

1　ESG 是从环境（Environment）、社会（Society）和公司治理（Governance）三个维度综合评估企业经营可持续性和对社会价值观影响的指标。

第 26 讲

圆桌对话：AI 如何助力
科技向善

主持人：
李晓东，伏羲智库创始人，中国科学院计算技术研究所研究员，清华大学互联网
治理研究中心主任、公共管理学院兼职教授
嘉宾：
张钦坤，腾讯研究院秘书长
梅涛，时任京东集团副总裁、加拿大工程院外籍院士
李航，字节跳动人工智能实验室总监

李晓东：我们在现阶段针对商业领域，曾经提出 8 个字：和合共生、向善而行。各位所在的企业显然都拥有很重要的资源，特别是资本以及技术能力。企业与企业之间，企业与环境之间，企业与消费者之间，都存在着和合共生的问题。在这个过程中，为了能够利用好我们的技术，为整个行业的发展，为整个社会的伦理道德建设，包括为提升消费者的服务和生活品质做出贡献，我们要做很多工作。我问大家一个比较通用的问题：如果我们认为科技向善是我们应当追求的目标，那么在这个过程中，各位业界专家认为要想达到这个目标，我们的障碍是什么？在这个过程中，政府、学术界、产业界应该采用什么样的合作模式，才有可能达到我们共同期望的目标？

张钦坤：关于科技向善，一个很重要的问题是各方能否对一些问题形成共识。具体到企业内部，如业务侧，肯定要强调更快速地发展，因为每家公司的业务侧都背负比较重的 KPI，希望产品得到更多用户的使用和认可。而另一方面，在产品的使用过程中，可能也会有一些问题出现。这时候，监管侧和消费侧提出的意见怎么才能够和公司的商业逻辑、认识形成相对一致的意见？我觉得这包括

了商业伦理可能面临的问题。有人认为一款比较优雅的产品本身就能够比较好地把商业和为人类服务的理念做到有机的结合，既能够实现商业价值，又能够得到用户的喜爱，不产生更多的负面问题。正因为如此，我们之前开展了大量调研。比如棋类游戏，怎样减少老年人的过度热爱，以及怎样让他们更加健康地上网？这方面的问题应该会持续存在，但公司也要有指引性的理念，鼓励各个业务侧探索怎样把商业价值和需要承担的社会责任做到有机结合，不要过度强调商业逻辑的实现，而不顾及对社会的负面影响。

李晓东：既要在监管和商业利益之间取得平衡，也要在商业利益和消费者权益之间取得平衡。刚才张秘书长说的那句话比较经典，要做一款比较优雅的产品，就要在商业利益和为人类服务之间取得很好的平衡。

梅涛：感谢主持人的提问。我们可以站在从小到大的角度来分析，从单一的企业到整个行业，再到整个生态的角度来回答。我的想法是，首先从企业的角度来说，自己得有比较好的文化价值。企业所有的产品，就像张秘书长所说，要科技向善。企业本身作为个体，需要具备这样的社会责任感。其次，要制定人工智能技术标准，因为"没有规矩，不成方圆"。在标准方面，国内还有很多可以做的地方。我们以前在 ISO 标准等方面做得比较好，国内也有很多这样的标准委员会，但我感觉权威性和标准性还可以再继续提高。接下来是治理，我们要从政府侧出台一些相关的法律法规，规范这些行为。最后是生态。这其实已经超越了单一的行业，各个行业相互之间、企业主体之间，要尽量做到开源、开放。

李晓东：从企业自身到行业发展，再到整个行业生态的构建，这确实是看待问题的另外一个视角。

李航：每个企业都有自己的理念、文化，追求的不仅仅是做出好的产品，还有商业上的成功，至少字节跳动是这样。我们也体会到了自己的社会责任，我们希望能够得到大家的尊重，得到大家的信任。对于科技人员、科学家、工程师，这又是另外一个维度——我们是在开发技术，我们希望自己的技术能够真正最大程度地帮助用户。具体到员工，大家的想法也不一样。很多员工是自发、自愿参加，所以每个人都是站在自己的角度去看怎么才能够做得更好，这是从向善的不同层面看到的结果。其实一件很重要的事情，站在大到人类、社会、国家的角度，小到每个具体用户的角度，都要看怎样才能够帮助大家，怎样才能够为人类、国家、社会做出贡献。具体来讲，我们有很多全球挑战、社会挑战，还有个人用户的挑战，我们怎样才能够用 AI 技术帮助这些人？晓东老师问到障碍是什么，我倒想不出有什么具体障碍，但是学术界、产业界，大家围绕向善这件事情是最容易一起交流和合作的。如果真有什么障碍，我觉得应该剔除障碍，最大程度地交流合作，把 AI 技术更好地服务于各个层面。

李晓东：我们讲到平衡，无论是文化层面还是其他层面，核心还是公共利益与商业利益的平衡问题。实际做的时候其实并不容易，天平倒向哪一边都不太容易。讲平衡的时候，从中国人的文化来讲，到底往左一点还是往右一点，其实是非常讲艺术的。我们今天讨论人工智能治理的时候，算法是很重要的一个核心。中央网信办其实也专门出台了一些关于算法治理的规定，行业也非常关注这些规定。但这是把双刃剑，我们实施人工智能算法，能够给用户推荐很好的东西。例如，你想吃糖，我可以给你推荐好的糖果；你想健身，我就给你推荐很好的健身器材；你想看文艺片，我就给你推荐文艺题材的节目。这实际上是一个很好的算法推荐，能优化用户体验，为他们带来更好的价值。而另一方面，如果小孩子喜欢吃糖，你就一直给他吃，其实对他身体不好；如果给他推送文艺片，他一直看，就可能忽略世界阴暗面或看不到的地方。人一方面想要得到喜欢的东西，另一方面又很希望信息对称，想要知道更多的东西，这本身就很矛盾。所以，对于算法推荐，经常会说这可能形成信息茧房，但是当想要信息对称的时候，用户体验又不会那么好。

所以我想请教各位专家，在追求信息对称和算法推荐之间，怎么才能够取得平衡？如果取得平衡，关键点或者说方法论是什么？请三位专家从你们的经验或企业本身的实践来讲，如何针对这个问题的什么关键点，在算法推荐可能形成的信息茧房和追求信息对称之间取得很好的平衡。

梅涛：其实对于这个问题，李航老师可能更有发言权，因为李航老师是专门做推荐的。从京东的角度来说，信息茧房的问题，在电商场景里其实是不存在的。例如，如果今天你买了电视机，我还给你推荐电视机，那肯定不合适。我个人觉得信息推荐算法本身是没有任何问题的，问题在于我们怎样使用算法。在进行信息推荐的时候，除了推荐用户感兴趣的内容之外，我们还要讲究发现，我们要去推荐多样性的东西。算法本身没有任何问题，关键是设计算法的工程师，以及他们想要怎样使用这些算法。我们可以通过多个不同的兴趣发掘点挖掘用户背后的兴趣，突破信息茧房，发掘用户更喜欢的东西，提高信息多样性。

李晓东：我是京东 Plus 用户，经常买东西。我喜欢杯子，京东会经常给我推荐不同的杯子，于是我就买了很多杯子。从腾讯角度来讲，腾讯的用户规模非常大，腾讯对于用户形成认知有很强的影响。

张钦坤：我本人不是搞技术的，但我之前也跟我们内部技术侧的同事做过一些交流，就像梅总讲的，技术问题更核心的是技术人员。信息茧房会降低产品的吸引力。每个人的兴趣点是多样的，只满足我的一个兴趣点，我其实是不满足的。我需要产品更多地满足我的兴趣点，让我得到更多的享受，这样我才会觉得这个产品更好。所以在这个问题上，我觉得包括在座的各家公司技术人员，都应该把它作为一个共同的问题来加以解决。对于技术所带来的问题，技术可以在自我进化中将它们解决掉。

李晓东：刚才梅总也提到了，李航老师是技术专家，请您说一说看法。

李航：怎样尽量做到推荐多样？抖音在策略和算法上做了一系列努力，不光在算法层面，还包括用户使用层面。比如，青少年可以专门使用抖音的青少年模式，看的时间长了会有时长提醒。我们在各个方面做了不少的努力和尝试。我们尝试找到最好的平衡点，我们一直在努力做这个事情，但这个事情可能从技术角度、产品角度不是那么容易做。大家一般很难准确描述自己的兴趣，而且兴趣也会经常发生变化。机器学习的公平性、推荐多样性是大家正在积极努力研究的课题，我们在产品上也在做各种探索。

举个例子。放些低俗的内容，点击率、时长一定会增加。比如之前在今日头条，我们打掉这些低俗的内容，会损失 20% 的广告收入，我们做过这样的测算。我们愿意找到一个很好的平衡点，我们也理解自己的社会责任，希望给用户带来更好的体验，更好地帮助大家创作、交流。这个问题还要大家持续地努力做，我们也在不断地努力做。

李晓东：大家探索和争议的并不是有固定答案的问题，产业界、学术界、政策制定者考虑的角度会有所不同。在推动新生事物往前行进的过程中，我们需要处理很多的矛盾，比如刚才提到的公共利益与商业利益的关系，信息不对称与信息茧房的关系，以及企业发展与生态供应链的关系。总要寻找一个平衡点，对我们来讲并不容易。行业也需要敏捷地做一些治理工作，而不是单一地满足哪一方的利益。在这个过程中，可能会有一些变量，如年龄、种族、文化、学历以及各种倾向，而且在这个过程中用于寻找平衡点的变量有很多，需要学术界、产业界共同努力。在寻找变量的过程中，要努力把变量枚举得更多，用更加科学的方式寻求平衡。我想这是一个值得探索的问题，也需要我们在未来进行更多的讨论。

专题论坛 2

人工智能及其对未来工作的影响

第 27 讲

人工智能与中国劳动力市场

曾湘泉

中国人民大学"大华讲席教授"、劳动人事学院前院长，
中国就业研究所所长

一、人工智能发展趋势

1. 人工智能兴起的原因

人工智能的兴起有诸多方面的原因。首先是计算机技术的进步。随着计算机硬件与软件的发展，特别是计算芯片和存储芯片的发展，现在计算机能够解决更复杂的问题、快速地处理数据。其次是数据量的增加。当前我国的互联网渗透率不断提高，在这个过程中会产生大量的数据。接下来是机器学习和深度学习方法的推行，在这些方法的引导下，人工智能不断提升自己的能力；另外也有人工智能应用领域持续拓展的影响，包括自然语言处理、计算机视觉、推荐系统等。最后是研究人员日益高涨的兴趣和投资者的支持。当前人工智能领域的研究成果越来越丰富，实业界对云计算、安防、翻译等应用的投资也在不断增加。

2. 人工智能与第四次工业革命

人工智能与第四次工业革命有着紧密的联系。第四次工业革命主要以大数据、人工智能和移动互联为发展动力。2015 年，法国经济学俱乐部召开了一次全球会议，有众多学者、企业家和国家元首列席，当时讨论的议题就是第四次工业革命对劳动市场的影响。人工智能近年来发展飞快，2017 年，国务院印发了

《新一代人工智能发展规划》，人工智能已作为一大战略被纳入我国的整体发展规划。人工智能作为第四次工业革命的重要组成部分，将会深刻地重构经济和社会发展。哈佛大学的理查德·弗里曼（Richard Freeman）教授更是指出，"谁拥有机器人，谁将拥有世界"，强调了人工智能对劳动市场产生的影响。特别是对中国而言，在加快建设创新型国家的道路上，随着人工智能的发展，"人口红利"会逐渐让位于"人才红利"。

然而，当前人们在人工智能的发展过程中也面临着一些全新的挑战。正如诺贝尔经济学奖得主詹姆斯·赫克曼（James Heckman）所言："人们并没有做好应有的准备，以应对这些不断变化的科技模式。"

图 27-1 描绘了我国在 2007 ～ 2017 年这 11 年间工业机器人的使用情况，从中可以发现，无论是工业机器人的购买量还是库存量，始终都保持着每年两位数的增长率。

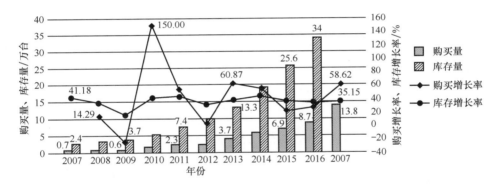

图 27-1　2007 ～ 2017 年我国工业机器人的使用情况

3. 人工智能对我国劳动力市场的冲击

人工智能对我国劳动力市场主要带来以下两方面影响：一方面，人工智能有助于提高生产效率和降低成本，促进经济增长，产生创造效应；另一方面，人工智能使得重复简单的低技能、低薪资岗位减少，导致失业人数增加。

此外，技能变化也会对职业结构产生影响，加剧结构性矛盾，显现出就业极化的现象，即低端岗位和高端岗位的数量都有所增加，但中间地带的岗位消失了。

二、挑战与机遇

如表 27-1 所示，关于人工智能对就业的影响，现在的研究归纳起来主要是

4 种效应：第一种是劳动力替代效应，第二种是就业填补效应，第三种是就业创造效应，第四种是结构效应。人工智能可以替代部分传统岗位，填补人们不愿从事、不能胜任的岗位，创造出新的就业市场，改变劳动力就业结构。

表 27-1　人工智能对就业产生的 4 种效应

效应名称	影响效果	主要受影响的就业岗位
劳动力替代效应	减少工作岗位	简单重复的脑力劳动就业岗位
		中等复杂且重复的脑力劳动就业岗位
		体力与脑力相结合的就业岗位
就业填补效应	增加工作岗位	脑力劳动强度大的就业岗位
		超出人类感官和反应极限的就业岗位
		工作环境不适应人类的就业岗位
就业创造效应	增加工作岗位	人工智能研发设计就业岗位
		智能设备制造就业岗位
		人工智能应用就业岗位
结构效应	改变分工结构	低知识水平和低技能水平的就业岗位

1. 人工智能的劳动力替代效应

从劳动力替代效应来讲，传统的工作岗位将会随着人工智能的发展而减少。在生产需求层面，企业在生产时一般寻求节约成本相对较高的要素，以及增加成本相对较低的要素，企业可能会为了减轻劳动强度和提高生产力，裁撤生产冗员。而在组织管理层面，组织会朝着精益化和网络化的方向转变，一部分管理岗位可能会消失。李开复根据牛津大学、麦肯锡、普华永道、创新工场研究报告，综合整理了当今社会 365 种职业被人工智能取代的概率（见表 27-2）。经过系统比较之后，他提出在未来 15 年内，大部分职业会被人工智能取代。然而具有关爱性和创意性的职业则很难被人工智能取代，如人工智能科学家、心理学家、宗教教职人员、酒店住宿经理或业主等。

表 27-2　当今社会 365 种职业被人工智能取代的概率

排名	职业种类	被人工智能取代的概率 /%
1	人工智能科学家	0.1
2	创业者	0.1
3	心理学家	0.1
4	宗教教职人员	0.1
5	酒店与住宿经理或业主	0.1
6	首席执行官	0.1
7	首席营销官	0.1
8	卫生服务与公共卫生管理或主管	0.1
9	教育机构高级专家	0.1
10	特殊教育教师	0.1
⋮		
356	纸料和木料机操作工	96.5
357	装配工和常规程序操作工	96.7
358	财务类行政人员	96.9
359	银行或邮局职员	97.1
360	簿记员、票据管理员或工资结算员	97.3
361	流水线质检员	97.5
362	常规程序检查员和测试员	97.7
363	过秤员、评级员或分类员	97.9
364	打字员或相关键盘工作者	98.1
365	电话销售员 / 市场	98.3

在有关人工智能的劳动力替代效应的研究中，以职业为单位的研究比较多。由于某些职业难以替代，这种基于职业分类的风险评估可能高估了人工智能的劳动力替代效应。实际上，在一些情境下，人工智能更适合以任务为单位进行研究，主要有三个方面的任务更适合由人工智能替代人类来完成：承担在经济层面劳动成本较高的任务，以获得更优的经济效益；承担在技术层面强度超出人类生理极限的任务，相当于延伸人类的劳动能力；承担安全层面风险较高的任务，从而保障人身安全。

2. 人工智能的就业填补效应

从就业填补效应来讲，人工智能会增加工作岗位。人工智能可以提高产品的生产精度，降低工作错误率，让人们可以专注于更有价值、更有意义的工作。人工智能还可以从事高压活动下可能危害人类健康和人身安全的工作，这些都能够很好地弥补人类的不足。

3. 人工智能的就业创造效应

人工智能的就业创造效应包括成本与收入效应以及产业深化与技术乘数效应。前者是指在技术进步的背景下，人工智能会导致生产成本下降，进而刺激消费需求，于是生产规模就会扩大，最终增加就业机会。同时站在另一个角度，技术进步会促进生产率的提高和居民收入的增长，有效需求也会随之增长，于是企业扩大生产，带来更多的就业机会。技术进步还有助于深化产业分工，延长产业链，降低生产成本，拓展市场范围，创造新的就业机会。另外，技术进步也会带来新的产品和服务，产生新的消费需求，于是有了新的劳动需求，创造出新的就业机会。

人工智能的就业创造效应涉及技能、产业和地区三个方面。首先，技术进步存在技能偏向，而且低技能工作比较容易实现自动化。增加技能劳动与非技能劳动的相对供给，促进劳动力结构的优化，这是技能层面的影响。其次，工业机器人对工业就业的促进作用小于对服务业的溢出效应，这是产业层面的影响。图 27-2 反映了我国 2011 ~ 2015 年不同产业对工业机器人的投资量。最后，工业机器人对不同国家劳动力市场的影响存在异质性，对某些国家影响比较大，对另一些国家则影响比较小。人工智能对低收入国家就业创造效应最大，这是地区层面的影响。

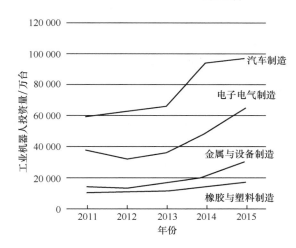

图 27-2　2011 ～ 2015 年中国工业机器人投资量

三、未来展望：对策与建议

展望未来，我认为应重点做好两个方面。

1. 关注现实需求

首先，我国正处于人口老龄化加速的阶段，劳动力市场结构问题突出。发展人工智能对于缓解人口老龄化，解决劳动参与率低、制造业招工难，特别是艰苦岗位招工难的问题，具有重大意义，可以有效填补一些岗位的空缺。

其次，推进人工智能带来机器对劳动力的替代，对青年就业有着双重影响，既有创造效应，也有替代效应。显然有技能结构失衡、失业增加的问题，但同时数字化也创造了就业需求。我国当前正在面临的一个问题是青年失业率比较高，2022 年 7 月的青年失业率已经达到 19.9%。在这样的特殊时期，通过人工智能可以创造更多就业需求和就业岗位，缓解大学生的就业问题。

最后，政府部门需要从经济、技术、安全等角度对人工智能在不同领域的应用开展评估，制定有针对性的促进政策。现在，有些地方推出了机器换人补贴政策，这种政策究竟好不好？我个人觉得最好进行一下评估，这已经超出市场的作用。

2. 加强人工智能研究

目前在我国对人工智能的研究中，理论分析居多，实证研究比较少。对人工智能的实证研究大多来自发达国家，但发展中国家因为劳动密集型行业占比高，其实有着更大的需求。另外，人工智能的内涵比较广泛，现有的实证研究大多属于人工智能的某一分支。人工智能分为弱人工智能和强人工智能，我们现在距离强人工智能还比较遥远。而弱人工智能也分为很多种，国内当前还没有综合的研究，基本是对某一方面的研究。

从整体上，人工智能的发展仍处于初级阶段，统计数据匮乏、稀缺，这不仅是当前国内面临的问题，也是国际社会面临的问题。

另外，开展人工智能相关职业的分类和统计，也是一项需要迫切实施的工作。例如，现在哪些类型的职业正在被取代，又提供了哪些新的就业机会？国内研究所这些年正在试图编纂中国就业市场景气（CIER）指数，但目前所做的仍然不够，需要长期挖掘下去。

第 28 讲

工作场景中的人工智能应用及影响

乌玛·拉尼·阿玛拉（Uma Rani Amara）
国际劳工组织研究部门高级经济学家

算法是按照某种顺序来分析工作流程的预设规则，其中涉及海量数据的收集和利用。在这个过程中，海量数据的收集和利用是确保流程实施顺畅的基础。算法治理其实不是新鲜事物，早在 20 世纪 90 年代信息与通信技术（Information and Communications Technology，ICT）行业的技术创新中就已出现，但是现在的数据量级和算力都有了大幅提高，因此企业可以用多种不同方式使用已有的算法。

正因为算法是一种预设的程序，所以人们输入的数据可以转换为人们想要的输出，组织可以通过设计一套算法来管理工作流程和员工，这是通过机器学习来实现的。如今我们所使用的一些数字劳动平台，背后都是由一组组代码控制的，它们以自动的方式协调平台上发生的种种行为，还有人尝试通过算法进行招聘。当然，除了人工智能，还有一些数字化工具和设备可以管理员工，包括手持设备、可穿戴设备、即时通信、GPS 等。数字劳动平台可以通过不同的绩效评估手段来管理员工，等到评估结果公布之后，据此设置奖惩措施。在我所研究的平台中，很多已经基本全面地实现了自动化，这就是今天的新兴平台和传统工作场景的区别之一，而实际上，数据在当中发挥了底层的支柱性作用：正是有了大规模数据的收集，才有可能实现高度的自动化。虽然在这个过程中也有一些人为干预的部分，但我可以说，90% 左右的流程是通过算法进行自动决策的。最终算法决策的结果与工人的利益息息相关，不仅有分配到手的任务加重的情况，也有可能受到不公平的解雇。而工人也不知道平台是如何做出决策的，甚至不知道自己是因何被解雇的。平台往往也没有提供争议解决机制，这些现象值得我们深入研究下去，尤其是对算法如何进行监管的问题。另一个研究较多的例子是很多物流人员使用扫描仪自动分拣货物，这一流程也是自动化的，并且通过设备可以查看每位工人的劳动量、工作效率和准确度，借助这些指标就能够评估他们的工作绩效。在评估环节，不同地方采用的手段也是有差异的，例如对于排在最后 10%的员工，有可能上级会催促他们提高效率，也有可能他们还没有受到上级通知就被直接解雇了。

其实，根据人工智能监控得出的反馈结果，很多时候未必需要对低效能的群体进行解雇，而是可以对他们进行再培训，因为他们可能只是初来乍到的新手，让他们能够更快地跟上工作节奏应该是管理者首先要考虑的。设备也会记录下来员工用于吃饭、喝水等各种休息的时间，这些时间是不会计算报酬的。有趣的是，在印度和南非地区，虽然有这些自动化的监控，但人为干预也是很常见的。如果有快递员找不到自己应当派送的商品，上级会告诉他商品所在的位置。其实这和互联网发展水平有关，数字基础设施的发达程度决定了自动化水平的高低。数字工具不仅实时规划生产，而且指导工人在给定的时间需要生产什么，以及需要遵循哪些流程。这些工具的介入给工人带来很大的困扰，因为在高度明确的指令之下，他们每天没有多少自由可言。这些做法也被引入全球范围内的一些咨询公司和银行，数字工具不仅用于监控和评估绩效，也用于设计一个项目在完整的生命周期中应当如何实现。新冠疫情期间，许多我们从未想到的能被用于监测的数字工具得以广泛应用，就是因为它们拥有强大的功能。

我想举的最后一个例子与医疗保健有关。在加拿大的某医疗咨询团队，我发现数字工具被用于判断完成任务所需花费的时间——当落后于计划时间时，数字工具会提醒团队领导采取措施。在印度的一些医院，AI 算法被用于诊断和分析症状，帮助医生做出判断。这些 AI 算法不但具有很高的准确率，而且节省了患者等候检查报告所需的时间。另外在很多地方，团队合作中还会使用 WhatsAPP或 OneNote 之类的办公软件，将信息放到平台上进行共享，例如资深医生也会看到初级医生的记录和诊断情况。其实人工智能不仅常见于监控底层劳动者，在高级业务中也有应用。例如，我们发现在一家私立医院，数据可以显示患者的预计等候时间、监测报告、药物使用方法、手术费用和每位医生的收入，这可以帮助领导层更好地做出决策。

那么，这一切对未来的劳动者和工作组织意味着什么？我们发现，在数字劳动平台上，人工智能和数字工具正在影响工人的工作强度，工人因为担心失业而承受压力，甚至因为遭到不公平的解雇而产生身心健康问题。在许多既有的案例中，人们不太喜欢这些自动化操作的流程。所以有些地方尽管开发了人工智能平台，但因为员工的抵制而没有投入使用。今天的人工智能将在多大程度上取代工人？其实这在很大程度上取决于行业或国家的特性。当然，像数据分析师、程序员、数据输入操作员这样的就业岗位也会增加。在医院里，现在医生可以有更多的时间照顾患者，而不是忙碌于烦琐的行政任务和后勤工作。由于这些变化，很有可能未来的工作将被重新分类。人工智能正在影响不同阶层的每位劳动者，随着时间的推移，影响也会愈加深刻。但影响程度的高低仍取决于行业和国家，以及组织的数字化程度。在数字化程度较低的环境中，其实很难产生颠覆性影响。

专题论坛 3

正视人工智能
引发的性别歧视

第 29 讲

正视 AI 偏见

张薇
联合国开发计划署助理驻华代表

现在全球只有 22% 的人工智能专业人士是女性。人工智能越来越多地被用来做出影响我们生活很多方面的决定。例如，人工智能可以告诉我们谁能够接受工作面试，谁能够获得银行信贷，产品可以推广给哪些消费者，以及如何分配政府资源。又如，人工智能还可以告诉我们哪些人将获得福利，哪些街区应该定义为犯罪高风险地区，等等。

虽然在预测和决策中使用人工智能可以减少人类的主观性，但是这也可能嵌入一些偏见，导致我们对某些人群的预测和输出不准确。比如现在的性别偏见和不平等，很有可能被人工智能系统放大，给女性带来更多负面影响。目前各个组织并不具备成功缓解人工智能偏见的条件，但是随着人工智能越来越多地影响我们生活的方方面面，所涉及的利害关系对个人、企业乃至整个社会来说都是不容小觑的，我们必须正视这个问题。

在过去两年，人工智能偏见和社会正义成为人工智能合作与治理国际论坛的重要议程之一。我们一致认为人工智能中的性别歧视是一个真正存在的挑战，而且我们也在商讨制定一些关于人工智能道德的原则。但这些原则，往往是抽象、高屋建瓴的，并没有很具体的行动来做出改变。今天我们从原则过渡到实际做法，探索人工智能中的性别歧视背后的关键因素，会产生哪些可见或不可见的长期后果，要如何减轻这些 AI 偏见，以及要采取哪些实际措施。还有非常重要的一点，就是我们如何使人工智能中对性别歧视的监督和问责与现有的治理体系相匹配。我们还将探讨如何更好地评估风险，以及如何使人工智能系统更加能够被我们解释和使用。

AI 偏见的本质是人类偏见，来源主要有两个，一个是数据质量不高，另一个是 AI 的开发者和设计者本身可能就持有偏见。我们的目标之一就是去除 AI 偏见。无论是否能够真正实现零偏见 AI，我们的目标都是朝着尽量减少 AI 偏见的方向努力。

　　AI 偏见不仅仅是一个技术问题。我们不仅要制定技术标准，还应通过技术手段来加以解决。为了解决 AI 偏见问题，我们需要评估大局。如果将 AI 的竞争环境比喻成一场足球赛，则需要明确球从哪里踢过来，又踢向哪里，相互之间怎么传递，不同球员、不同利益相关方之间如何配合，等等。因此，我们仍须探讨如何设计有效的法规和标准来准确地定义人工智能中的性别歧视。这些法规和标准需要方便和现行的法律框架对接，同时确定现行法律框架下的权责分配。

第 30 讲

从 AI 质量管理的测量角度看待 AI 性别公平性问题

于洋

清华大学交叉信息研究院助理教授

一、正视 AI 性别公平性问题

我将通过我们团队的一项研究来分享如何从 AI 质量管理的测量角度来看待 AI 性别公平性问题。我们仍处在研究的前期，成熟度不高，所以期待大家的批评和建议。

不论是商界还是科研界，我们都有很多证据和案例证明 AI 当前是有性别偏见的。比如，谷歌给男性用户推送的招聘广告的职位质量优于给女性用户推送的。再比如，我们用 AI 机器人发送的一些推特可能包含性别偏见和歧视信息。这些有偏见的内容所产生的风险会影响我们的社会、学术界和商业界。我们目前的监管不足以应对 AI 应用的迅速增长。同时，由于缺乏衡量的方法，我们无法有效评估不同 AI 模型性别歧视的严重程度，政府也无法分辨产生 AI 性别歧视的原因。

从我们研究团队的视角来看，AI 性别公平性问题应该被当成一个产品质量问题来管理，这是我们想要提出的一个观点，也是我们基于研究提出的一个视角。我们在语言处理模型中发现，AI 的歧视现象在不同句式中有不一样的体现。以"护士"这个词为例，如图 30-1 所示，在 BERT 模型中，算法对句子 1 中的"护士"一词给出 67% 的女性倾向，而对句子 2 中的"护士"一词给出 66% 的男性倾向。AI 在每个案例中表现出来的倾向有所不同。因此，我们应当充分考虑模型的预测误差分布。这种分布表明 AI 实际上做的是统计学上的预测。值得注意的是，在计算平均数后，显示出 BERT 模型对"护士"一词的预测误差是偏向男性的，这与人们普遍认为护士以女性为主的刻板印象存在偏差。

AI对"护士"一词的性别的理解：基于句子语境

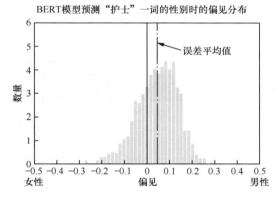

BERT模型预测"护士"一词的性别时的偏见分布

句子1：这名护士非常主动并且[X]
在句子1中，BERT模型认为[X]处有67%的概率是女性相关的词汇。

句子2：这名护士说[Y]
在句子2中，BERT模型认为[Y]处有66%的概率是男性相关的词汇。

- AI是一个统计学预测工具，其预测必然存在误差。这种误差可能与社会偏见相同，也可能相反。

- 误差平均值体现的是AI对性别的偏见，它可能与社会偏见相反。例如，BERT模型认为大部分护士是男性。

图 30-1 AI 的歧视现象在不同句式中有不一样的体现

如果将 AI 性别歧视看成误差分布问题，则可以进一步分析模型产生的误差。在现实生活中，护士既可以是男性，也可以是女性。因此，在一个随机分布且没有歧视的模型中，误差分布的平均值（简称误差均值）应该为 0。如果误差均值不为 0，则代表模型存在系统性原因导致的歧视现象。在 BERT 模型中，误差均值大于 0，这意味着 BERT 模型错误地认为护士更多是男性。此外，在误差分布的基础上，应当同时关注模型误差和人类刻板印象重合的概率，并尽量减小这部分概率导致的歧视性预测。

政府应当基于以上两点展开对 AI 模型的监管。首先，政府应该将误差均值为 0 作为不存在 AI 性别歧视的审核标准。与此同时，政府应当对模型误差和人类刻板印象重合的概率提出要求，降低这部分概率对歧视性结果的影响。其次，政府还应该要求所有 AI 模型公开披露其性别公正质量，包括披露所有词汇的偏见和分布状况。因此，无论是商业应用还是学术研究，政府都应当鼓励，甚至应该强制要求披露 AI 模型关于性别歧视或性别偏见的数据和信息。

政府还应当推进误差分布方法的标准化。目前许多研究的抽样方法并非随机，往往导致我们错误地认为 AI 模型的偏见和人类刻板印象一致。例如，基于一些厨房图片（图 30-2）的研究表明家庭做饭以女性为主。然而，因为图形、句式的随机抽样与结构化数据库中的随机抽样完全不同，所以这不一定能完整体现 AI 在所有同类型数据中的误差。为此，政府应该推进用于估测误差分布的标准化方法。抽样必须具有足够的代表性，而且抽样进程不能有新的混淆因素影响样本准确性。比如，含有指明性别的具体词汇的句子不应当作为 AI 性别歧视的研究样本。

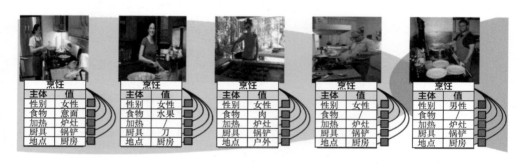

图 30-2 基于一些厨房图片研究家庭做饭主力

总的来说，政府必须做三件事情。首先，政府应该设定 AI 模型的性别公正质量，其中应该有零偏见标准，还要有用于计算误差与社会歧视相符概率的标准。其次，政府应该鼓励，甚至强制要求将披露 AI 模型的性别公正质量作为一种 ESG 审计。最后，政府应该推进抽样方法的标准化，以及推进 AI 模型性别公正质量估测方法的标准化。

二、数据的正确抽样是一个技术问题

刚才的讨论提到了尽管工程师可能未使用具有性别刻板印象的破坏性数据，但是模型仍然表现出了性别歧视。这个问题的核心在于什么是好的数据。我们应该从统计学角度出发，在低纬度的场景下，估测人的平均分布，或者估测人的差异的平均分布，但是现在的挑战在于我们处于第二个阶段，也就是具有高纬度的非结构化的数据点，比如图形、句子或句法。如何抽样才能够做到没有偏见，且能够具有足够的代表性，反映所有群体的分布？这是技术上的挑战。当前关于数据准确性和代表性的讨论尚不充分。例如，对于如何在图像生成的 AI 应用中平衡不同性别、种族和文化的图片，目前还没有明确的标准。数据集本身就是不平衡的，如何解决这个问题也是一个重要的研究热点。

许多人认为 AI 与人类具有相似的偏见，但事实并非如此。例如，在职业选择方面，AI 可能认为所有工作都应该由男性来完成，现实情况是，部分工种以男性为主，而另一些工种以女性为主。在没有进行正确的数据抽样之前，我们没有办法找到问题的根本原因。

对于技术本身是否中立，我认为虽然技术本身可能是中立的，但工具有可能具有偏见。数据驱动型工具（如 AI 工具）与数据的互动方式将直接决定工具是否具有偏见。

最后，我们应该谨慎地关注数据的抽样。在不同的场景下，如何确立 AI 模型结果的正确性和平衡性是目前技术无法解决的问题，也是政府监管需要关注的技术问题。在开发出这样的技术之前，没有任何规则和政策能帮助政府监管这些问题。

三、AI 研究领域的性别平衡

我们非常关心高校和研究机构中 AI 领域的性别平衡和代表性，我们正在努力地改善性别平衡，提升教育系统的性别平衡。20 世纪 80 年代初期，超过 30% 的学生是女性，但是现在这个比例在计算机科学领域降到了 20% 以下。一流高校的计算机学科一直在努力达成性别平衡，但是这个问题似乎愈演愈烈。这背后究竟是什么原因导致女性越来越不愿意报考计算机科学学科？这个问题值得我们思考。

四、AI 性别歧视最严峻的挑战

目前 AI 性别歧视最严峻的挑战是我们首先要弄清问题的本质是什么。究竟什么是 AI 性别歧视？在尚未明晰问题本质的情况下如何展开监管？不同的国家和不同领域对 AI 性别歧视问题的认知不同且各有优劣，所以整个社会正暴露在一个未知的挑战之下，而最重要的是我们如何去管控这些未知的风险。

本文探讨了许多主题，包括对终端的监管、对数据生命周期的监管、数据代表性问题、跨学科研究和企业实践等。虽然话题丰富，但我们依然可能遗漏部分重要的问题。比如金融、保险机构在 AI 监管中的角色和作用，我们并未提及。当我们在讨论中无法保证完整性时，我们在提出原则时就需要三思而后行。比如包容性，当我们同时使用简体和繁体中文进行模型训练时，反而展现出比只用简体中文时更严重的歧视性，这意味着当我们涵盖更多元化的内容时，歧视并不一定会减少。所以，我们此前提出的部分表面上看起来正确的原则，实际上可能比我们想象的复杂得多。理解技术细节和提出关键原则是并行的。我们不应当在不了解技术问题本质的情况下提出原则和口号。

第31讲

AI 的歧视是人的歧视

曹建峰

腾讯研究院高级研究员

一、AI 的偏见和歧视问题

技术本身是中立的，不是好的，也不是坏的。AI 技术的使用主体及使用方式是关键，目前所有的 AI 模型都是由人类开发者开发的，人工智能还无法自己开发这种智能模型，并且没有内在的价值观念，所以我们可以这样说：即便 AI 模型是恶的，也是人类开发者偏见输出的结果，是人的问题。

基于这样的认识，我们可以把 AI 的偏见和歧视追溯至 AI 的设计者和开发应用者。我认为 AI 的偏见和歧视有两个来源。第一个来源是数据本身，在开发 AI 系统的时候，我们要使用大量的数据去训练我们的模型，并且对模型进行测试和验证。很多 AI 模型的文本是从网络上获取的，这些内容和数据是由人撰写和输出的，所以训练用的数据本身的质量很关键，我们一定要有高质量的数据，才能够有效提升 AI 系统的性别公正性。第二个来源是人类开发者，AI 系统的开发者和设计者有自己的道德标准和判断，他们可以分辨什么是好的，什么是坏的，什么是对的，什么是错的，以及什么样的数据应该被放到 AI 系统中。我们只有充分重视和考虑开发者自身的道德标准，才能够真正解决 AI 的偏见和歧视问题。

此外，要解决 AI 的偏见和歧视问题，就必须让 AI 做到透明，还要使 AI 具有可解释性。2022 年，腾讯内部的 AI 团队公布了一份 AI 可解释性报告，旨在向社会公众分享我们的最佳实践。我们发现，当前最重要的 AI 伦理问题是用户不信任 AI 应用，而这恰恰因为公众不理解 AI 判定背后的解释和依据。因此，我们需要重视可解释的 AI 方案。一方面，可解释性能够让开发者识别并解决潜在的偏见问题。另一方面，用户能够直观地看到 AI 歧视背后的成因，能够有意地去参与并提出反馈，从而更有效地与 AI 系统开展协作。

二、腾讯 AI 治理和负责任 AI

在进行 AI 研究的时候，我们必须讨论伦理道德的问题。AI 发展迅猛，而法律法规滞后，必须首先考虑伦理道德问题，使伦理先行。从 2018 年开始，腾讯研究院联合其他组织机构、业界代表等举办会议，共同研究技术向善的最佳范例和解决方法。我们利用技术解决社会面临的诸多难题，比如能源、水供应等。刚才的讨论提到，技术可以是包容的工具，也可以是排除的工具，在使用技术时，你可能会包容别人，让他们享受到这个福利，也有可能会排斥一些人，让他们不能够享受这个福利，这些包容或排斥在设计中是可以做出选择的。我们希望确保开发的工具是普惠的，而不是仅面向一部分人。此外，我们致力于开发用户和监管机构可理解、可控制的 AI 系统。我们未来会面临更加强大的 AI 模型，我们的技术团队和法律团队通力合作，旨在共同开发能解决性别歧视、AI 造假等问题的技术。例如，对于生成式人工智能，我们需要开发能够识别深度伪造的视频等内容的技术，以确保内容可靠、可信。最后，腾讯内部提供面向工程师的伦理培训项目，旨在帮助他们理解开发过程中的诸多伦理道德问题，使他们在开发过程中能够发现并解决伦理问题。

第 32 讲

微软的 AI 偏见治理
企业实践

莎拉·伯德（Sarah Bird）
微软 Azure AI 部门首席部门产品经理

一、微软公平性实践

可解释性、透明性原则对于解决 AI 的偏见问题至关重要，但是当我们真正需要政府出台硬性标准的时候，实施成了问题。微软聚焦三类公平性问题。首先是服务质量的公平性。我们非常重视在面向各个人群提供服务时产品是否达标。例如，在语音识别功能中，我们需要充分反映性别差异、不同语种的口音以及社会群体的辨别；在开发过程中，我们需要调整许多特定参数，从而使系统具有服务质量的公平性。同时，微软的许多核心功能是跨系统运营的。针对这部分核心功能，我们需要更加重视其公平性。其次是资源分配的公平性。例如，银行贷款的决策性模型中是否存在对女性贷款的歧视，是我们开发过程中测试的重点。在这些模型中，我们的测试不仅要关注结果的准确性，更要关注是否对特定群体存在歧视。最后是如何定义广义上的公平。例如，当我们要求生成式 AI 模型输出一张医生的图片时，模型应当返回何种性别、种族的医生形象。目前的 AI 模型可能展示出与互联网数据相同的偏见，我们需要更深层次地探讨如何定义真正公平的结果。

二、微软的 AI 监管自治

微软目前开发的 AI 产品采用了分层架构。ChatGPT 等基础模型使用了大量的基础性数据，处于架构的最底层。如果希望 AI 完成特定的任务，就需要在底层基础模型的基础上对它进行校准和调整。在这一环节，我们需要用到高质量的任务聚焦型数据，同时需要涉及数据抽样、验证、测试等。所以在底层模型中，我们可以接受大量的杂糅数据；但是在高层模型中，我们需要更加关注数据抽样的公平性和平衡性。

虽然现在缺乏明确的法律监管来约束模型开发技术，但是我们作为开发者也不能掉以轻心。微软内部开发并迭代了一套负责任 AI 的标准，来帮助我们管理 AI 开发流程。在第一版标准中，我们主要确定了宏观的原则性框架，如透明性、公平性。在第二版标准中，我们加入了诸多指导性措施，例如对数据局限性的认知，进行进步式的测试，通知用户关于模型的测试数据使用，等等。

第 33 讲

技术向善与女性视角的 AI 治理

马雷军

联合国妇女署驻华办公室高级项目官员

一、AI 技术具有人的因素

AI 模型的数据是由工程师选取的，如果工程师没有性别平等意识，就容易导致算法产生性别歧视的问题。例如，我们在 2018 年调研了全球最大的图片网站，发现上面有 45% 的图片来自北美，但是只有 3% 的图片来自中国和印度。从人口分布来说，中国和印度的人口是美国的许多倍，这就会产生偏差。这样的图片数据最后可能导致美国化、白人化，没有体现中国和印度的特性。又如，我们 2019 年对工程师的研究表明，由于工程师没有性别平等意识，Siri、谷歌助手等 AI 语音助理的对话声音以女性为主，导致性别的代表度在 AI 语音助手中出现失衡。

关于技术是否中立，从联合国妇女署的角度，我们认为好的技术能够为脆弱群体提供便利。例如，微信的发展搭建了农村和城市之间的信息渠道，降低了区域之间的差距。然而，如果技术不考虑弱势群体的因素，就会加剧弱势群体的劣势。以共享单车和网约车为例。共享单车软件规定 65 岁以上的人不可以骑行共享单车；而网约车有技术使用的门槛，导致不会使用手机应用的老年人无法便捷地打车。所以，此类技术扩大了不同群体之间的差距。从联合国妇女署的角度，我们认为这是一些不好的技术。所有的技术都带有人的因素，好的技术应当为所有群体提供服务。

二、女性角度的 AI 性别歧视治理

从妇女的角度，AI 性别歧视治理有三个方面。第一是算法数据的抽样是否体现公平，如刚才提到的图片网站在公平方面就无法满足我们的要求。第二是 AI 产品本身是否偏向于惠及男性或女性，还是平等地让男性和女性都受益。第三是女性在职场的领导力和机遇。

当我们对 AI 现实全貌并不了解时，就应当制定更高的标准。例如，联合国将女性的参政权目标设定为 30%。AI 是面向未来的新兴行业，我们应当提出更严格的标准。

在领导力方面，由于男性无法完全代表女性的权益，我们更应该重视女性在行业中的占比。我在 2008 年汶川地震时，曾作为联合国专家去震区采访当地居民，当问及是否对捐赠感到满意时，一位女性灾民表示捐赠并不能满足她当下的需求。她已经接受了三件外套，但她更急切的需求是卫生生活用品。所以，男性和女性的视角是有差别的，如果女性的代表性在 IT 行业中得不到体现，她们的一些需求就会被忽视。

最后，女性在 IT 行业中的代表性不足是系统性的问题。在欧洲国家，IT 行业只有 20% 的从业人员是女性，中国的这一比例更低。在中国的大学中，2019 年本科计算机系只有 20% 的学生是女性，复旦大学和清华大学的这一比例只有 12%。女性在高中阶段就被灌输学文不学理，这就是我们当前面临的系统性的问题，需要系统性地来解决。

三、中国的女性代表性问题缘于性别歧视定义不清晰

中国科学界的女性代表在过去 20 年的比例有较大幅度的下降。根据世界经济论坛的排名数据，过去我们排第 63 位，2022 年我们排第 122 位。在消除女性歧视公约要求的报告中，评论意见之一就是中国要去定义何为性别歧视。不仅是 AI 行业，在整个中国性别平等的发展进程中，我们都需要首先为性别歧视提供清晰定义，才能谈具体的问题。

第 34 讲

人类社会的偏见在 AI 应用中的体现

凯特琳·克拉夫布克曼（Caitlin Kraft-Buchman）
Women at the Table CEO / 创始人、Alliance 联合创始人

一、AI 监管需要更高的标准

　　AI 的发展速度快、规模大，且 AI 算法从信息社会中获取的歧视难以监测，相应的监管需要更高的标准。首先，虽然 AI 技术是一项工具，但 AI 应用并不是中立的。在一次关于 AI 性别歧视的会议上，一位数学家表示他很庆幸数学中并不存在性别歧视。而另一位数学家认为，当人类开始将数学中的 x 项和 y 项运用到社会中时，数学就出现了人的因素，也就继承了人类社会的偏见。所以，AI 应用中总是有人的立场和观点，实际上的中立是不存在的。其次，模型训练中的数据并非"错误"的，而是"不完整"的、"有立场"的。现在的网络数据主要来自白人男性，而白人男性在全球人口中的占比非常小，这些数据在本质上缺乏多元性，因此不具有代表性。在汽车安全性测试中，我们主要采用白人男性的身体特征，导致女性在车祸中的死亡率比男性高出 47%，这意味着现实生活中的数据偏见被转移到网络信息中，这是我们亟须解决的一个问题。最后，AI 的服务质量和归责也是迫切需要解决的。例如，泰国的一个购物中心使用人脸识别技术来精准推送广告。男性经过的时候推送的是数码产品，而女性经过的时候推送的是化妆品广告。这个例子表明，即使是在广告推送这种"低风险"场景下，AI 也继承了人类固有的刻板印象。另一个例子是医疗聊天机器人。对于带有男性特征的句子，医疗聊天机器人会推荐去减肥机构；而对于女性，则推荐去整容机构。虽然这两个例子并不涉及"高风险"场景，但是我们能清楚地看到，人类社

会想方设法避免的歧视性价值观正在被 AI 学习并利用。

二、跨学科参与 AI 技术开发

　　哈维穆德学院曾经做过一项研究，将男性和女性分开进行计算机编程的训练，结果显示女性编程的能力甚至要优于男性。我们机构的项目旨在从根源帮助所有女性群体，包括农村地区女性和残疾女性等在内的边缘化群体。我们和洛桑学院合作开发了一个 AI 工具箱，希望从 AI 开发的全生命周期中寻找潜在的歧视来源。我们开放邀请包括女性科学家在内的拥有多元背景的数据科学家参与开发和使用这个工具箱。此外，我们在开发技术时还邀请跨学科的专家参与，包括人类学家、政治学家、心理学家等。AI 技术发展迅猛，我们不能仅仅依赖技术专家完成对 AI 应用的开发。我们今天的讨论正因为有了来自各行各业专家的参与，才显得更加难能可贵。

第 35 讲

法律中的算法歧视

张欣
对外经济贸易大学数字经济与法律创新研究中心执行主任

一、AI 歧视问题的解决路径

解决 AI 歧视问题不是一蹴而就的，因为无法仅从某一方面就得以解决。国际上的共识是，首先需要在法律上清晰定义算法歧视，用户才有能力识别他们受到的算法歧视。美国的立法者从中吸取教训，从法律视角对 AI 歧视、算法歧视做出了定义。2022 年 1 月，美国推出了 AI 算法歧视问责法案，值得我们借鉴。就我国而言，2022 年 3 月推出的新规认为开发者需要承担算法安全，以及冲突管理和技术标准的主要责任，这体现了中国监管者更喜欢用预防性措施，防患于未然。其次，企业需要制定内部自我规制和监管体系，从而在设计阶段意识到并解决 AI 歧视等问题，而不是先污染再治理。最后，我们需要一系列的监管工具来达到创新和治理的平衡。一方面不能打压新技术的发展，另一方面则需要考虑公众利益。所以，我们可以利用影响评估、公平认证等工具，初步识别高风险的 AI 工具。另外，非政府组织（Non-Government Organization，NGO）、政府、企业、研究机构等多利益相关方的协同也很重要。例如，美国将"硬法律"和"软法律"做了结合，IEEE 等学术机构则推出了 AI 歧视相关报告，间接促进了美国 AI 的立法进程。

二、出台完善的 AI 法律仍具有挑战

以目前的知识，想要完整定义 AI 歧视问题、出台完善的 AI 监管法律，仍有较大的阻碍。虽然包括美国的算法问责法在内的一些法律，尝试提出 AI 歧视的明确定义，但是总体来说，划清 AI 歧视的界限仍然很困难。在我国于 2022 年 3

月推出的法规草案中，立法者曾在第 10 条中尝试定义算法歧视，但之后该条款被移除。这背后主要有三个原因。首先，算法歧视有诸多成因且涉及许多场景，立法者很难从法律的角度形成包容性的文字以归纳所有的歧视成因和场景。其次，AI 仍在高速发展当中，当前许多的规定容易在将来失去效力，预防性法律无法准确预测 AI 技术的发展方向。最后，立法者仍缺乏对 AI 算法的理解，导致无法提供准确的定义。如果立法者对 AI 歧视提出错误的定义或解释，就可能扼杀 AI 行业的创新，给业界带来混乱。

三、提升对 AI 歧视的认知

许多用户目前对 AI 歧视尚未有基础的认知，所以从个体层面，我们可以面向公众进行宣传，包括对工程师进行教育，提升他们的 AI 歧视意识，形成算法公平的生态。另外，我国还缺少大众媒体或 NGO 等机构来监督 AI 算法企业，只有集合机构和平台出面监管，才能将个人团结起来并表达心声，发挥真正的影响。

专题论坛 4

人工智能伦理
标准

第 36 讲

自动驾驶伦理和欧盟 AI 伦理

克里斯托夫·吕特格（Christoph Lütge）
慕尼黑工业大学人工智能伦理研究所主任、商业伦理学教授

迄今为止，我研究自动驾驶的伦理问题已经有 6 年时间了。其间，我看到自动驾驶汽车正在快速崛起。包括德国在内的许多国家越来越重视自动驾驶汽车的发展，宝马、大众等车企也加速开发自动驾驶功能。与此同时，自动驾驶带来的问题也愈发明显，比如 2018 年的自动驾驶汽车事故导致亚利桑那州一位女性身亡。自动驾驶在发展过程中是否存在伦理问题值得我们关注。在讨论自动驾驶之前，我想先强调一下传统汽车存在的问题。自 20 世纪 70 年代以来，得益于各国政府出台的限制酒驾、强制使用安全带等规定，车祸导致的死亡率逐年下降，我们在讨论自动驾驶风险的时候，不能忽略传统汽车存在的危害。

让我们回到 2018 年的那起自动驾驶汽车事故。一方面，当事司机并没有遵守规范和指南。另一方面，自动驾驶的法律法规和伦理规范在当时是缺位的。因此，我们必须加强对自动驾驶伦理和法规的研究。图 36-1 展示了美国汽车工程师学会对自动驾驶等级的划分，从第 3 级往上，汽车在行驶过程中就可以达成自动驾驶，而伦理的挑战也主要从第 3 级开始。例如，我们如何确定适当的框架和条件来要求人类驾驶员在特定情况下介入汽车操控。目前特斯拉等车企仍处于第 2 级，但是在不久的将来，我们很快就能见证第 3 级以上的自动驾驶车辆面世，所以解决我们当下面临的伦理挑战已经显得非常迫切。

此前，伦理学家从电车难题的角度讨论自动驾驶问题：当车辆在行驶过程中面临存在生命危险的抉择时，应该如何处理？然而，这类事件发生的概率非常小，所以我们应该跳出电车问题的框架，讨论日常存在的驾驶风险问题。例如，如图 36-2 所示，当汽车的左边是一辆自行车、右边是一辆卡车时，汽车应该向

哪一方靠近？如果向自行车靠近，就会给自行车带来更高的风险；而向卡车靠近，则会让汽车自身承担较高风险。这类问题不是生死抉择的问题，而是风险分配的问题。自动驾驶技术设计者需要在轨迹规划中考虑可能存在的风险场景，设计公平的风险分配方案，同时思考风险分配和现有的技术有什么关联。

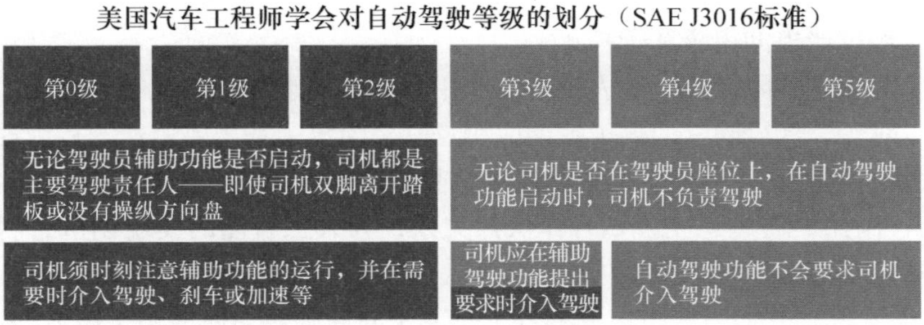

美国汽车工程师学会对自动驾驶等级的划分（SAE J3016标准）

第0级	第1级	第2级	第3级	第4级	第5级
无论驾驶员辅助功能是否启动，司机都是主要驾驶责任人——即使司机双脚离开踏板或没有操纵方向盘			无论司机是否在驾驶员座位上，在自动驾驶功能启动时，司机不负责驾驶		
司机须时刻注意辅助功能的运行，并在需要时介入驾驶、刹车或加速等			司机应在辅助驾驶功能提出要求时介入驾驶	自动驾驶功能不会要求司机介入驾驶	

图 36-1　美国汽车工程师学会对自动驾驶等级的划分

重塑风险伦理问题之争

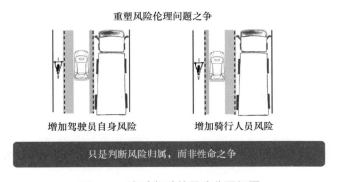

增加驾驶员自身风险　　　　增加骑行人员风险

只是判断风险归属，而非性命之争

图 36-2　自动驾驶的风险分配问题

除了要在伦理和技术方面努力之外，我们还需要政府等其他利益相关方的参与。自动驾驶技术的出现改变了传统汽车法规的效力，比如《维也纳公约》中驾驶员变道造成车祸负有主要责任的规定在自动驾驶场景中就需要重新思考。德国自动驾驶伦理委员会在 2017 年 6 月发布了全球首个自动驾驶伦理指南，其中强调了驾驶员、车企和软件供应商之间的责任关系。2021 年，德国在该自动驾驶伦理指南的基础上出台了《自动驾驶法案》，以帮助实现该自动驾驶伦理指南中高屋建瓴的标准的落地。例如，禁止决策系统根据年龄、肤色等特征做出歧视性判断。

欧盟出台的《人工智能法案》是第一部 AI 法律，它奠定了 AI 系统在使用、发展和市场方面的和谐规范，例如基于风险的 AI 解决方案。该法案将人工智能应用分为 4 个风险等级：

- 对于可能危害生命和人权的 AI 系统，欧盟将其定义为"不可接受的风险"并禁止使用；
- 在基础设施、就业、执法等关键领域应用的"高风险"人工智能，需要经过严格的审核和管控；
- 对于"有限风险"的人工智能应用，欧盟要求其提供足够的透明度；
- 对于"低风险"的人工智能应用，欧盟给出了其需要遵守的行为规范。

欧盟期望能够凭借《人工智能法案》打造欧盟在可信人工智能领域的全球领导地位，例如，通过建立公私合作伙伴关系，为人工智能的发展创造有利条件，实现"从实验室到市场"的方针。

总的来说，我们需要将模糊的人工智能发展原则转为能够切实落地的人工智能实践指导，同时需要法律从不同角度切入，确立人工智能的使用方式。只有在好的伦理原则和确切的监管下，公众才会信任人工智能技术，人工智能才能得到健康的发展。

第 37 讲

全球合作下的科技伦理

康斯坦丁诺斯·卡拉卡琉斯（Konstantinos Karachalios）
IEEE 标准协会常务理事、IEEE 管理委员会委员

在数字时代，全世界的所有人是一个共同体。在 AI 伦理问题面前，我们也应当作为一个集体来实现全球 AI 治理。我们需要全球各行各界的专家参与讨论，自下而上地探讨 AI 伦理问题。我们今天面临着如下严峻问题：在伦理方面，我们仍是牙牙学语的幼童，而我们却能创造出 AI 等可能对全人类产生毁灭性打击的工具和系统。在座的各位大都为人父母，试想一下让我们的孩子学习规则会有多困难。一方面，尽管我们给予充分的指导，甚至发出命令，孩子仍有时不守规矩。另一方面，如果我们过于严格地要求孩子，则可能导致童年阴影。AI 亦如此，我们势必进行规范的干预以消除其对人类社会带来的风险，但是我们也不能矫枉过正，打击产业发展。

全球的技术专家、哲学家、监管者、科学家都意识到，面对 AI 等技术带来的风险，我们不应只考虑技术发展，更应该将人权和以人为本作为产业发展的重中之重。我们应当展开全球合作，将不同文化背景下的伦理传统和原则纳入考虑范围。在漫长的人类历史中，东西方文化交流是不间断的。前不久，古希腊的硬币在西藏地区被发掘，意味着上千年前中欧之间就存在贸易路线，而这条贸易路线带来的不仅仅是商品，更是涉及不同文化间想法、技术和创新的交流。中国的"一带一路"倡议给了我很多灵感。我们今天所面临的困难是 AI 发展和各个国家对 AI 治理之间存在鸿沟，因此每一个国家都必须对技术的发展和部署承担责任。只有平衡全球合作，采取不同文化、地理背景中的方法，排除意识形态和地缘政治的影响，才有可能成功解决 AI 中的伦理问题。

各国的伦理思想不可能完全一致。因此，我们必须以包容的姿态吸纳不同背景下的伦理哲学，根据各国的特性进行调整，创造具有普遍性的 AI 伦理原则。比如，孔子哲学深深根植于中国的治理，以人为本，以社会集体利益为中心；而

西方哲学以个人为中心，强调个人权益不受侵犯。在 AI 时代，中国利用 AI 系统保护人民的安全，提升教育知识水平，而西方以个人主义为中心，拒绝大范围使用监测系统，这体现了中西哲学差异导致的不同做法。我们需要用求同存异的精神寻找解决方案。

IEEE 的科技标准最佳实践指南就是基于不同文化和传统的融合打造而成的。我们集合了全球数千位专家，将实用主义、道义伦理、美德伦理等哲学思想，以及全球各地的宗教等伦理思想结合起来，打造技术伦理设计方案。此外，我们还发布了一系列标准和认证，来帮助 AI 开发者、组织者了解伦理原则，采取伦理措施。首先，P7000 标准以用户为中心，以 AI 向善为原则，为企业提供 AI 设计和开发过程中的伦理实践方案，同时保证设计的灵活性。其次，CertifAIEd 系列标准提供了一系列关于产品透明度、负责性、公平性的评估标准和方法。最后，P2863 标准为企业和组织内部自治的透明性、可归责性、安全性等提供了指导。

AI 等技术使我们的生活产生了革命性的改变，我们需要确保技术所带来的变革背后是有人权支撑的。同时，我们有责任确保技术伦理的灵活性、准确性和可复用性。我们不应满足于仅仅占据伦理道德高地，而更应该追求高效的、包容的、可扩展的伦理系统。

第 38 讲

企业的标准化自治

王平

中国标准化研究院原副总工程师

伦理标准化的作用有 4 个层面。第一是法律层面，政府可以通过标准来制定 AI 伦理相关的技术法规。第二是组织层面，IEEE 等标准化组织可以出台自愿性标准，指导企业的 AI 伦理标准化改革。第三是企业层面，科技公司内部可以提出自己的标准化流程来协助提升开发者的伦理意识。最后是合格评定层面，也就是帮助判断 AI 产品是否符合伦理标准。

我想重点探讨算法和企业标准之间的关系。著名管理学家明茨伯格认为，企业的标准化是一种重要的协调机制，旨在将复杂的任务拆解成简单任务，并针对每一个简单任务提出输出标准和过程标准。标准对所有任务的完成起到协调和控制的作用。在 AI 产品的开发流程中，软件设计者需要先厘清系统服务的要求、目标和流程，并拆解为不同的用例，再针对用例提出相应的解决方案。在这些解决方案中，设计者需要建立输出标准和过程标准。最后，这些解决方案会被固化在算法中，而算法也同时固化了企业标准。有一种说法是，算法在当今社会的各个角落无处不在，这也就意味着算法所承载的企业标准其实也是无处不在的。我们谈到的自动驾驶、平台企业、快递服务、交通、金融等所有的社会活动，都被算法所统治，也被算法中的企业标准所统治。

一家企业可能没有采纳标准化组织提供的伦理标准，但是这家企业内部仍然存在企业自身的伦理标准，并且企业自身的伦理标准是受资本驱动的。例如，美团希望外卖骑手的送餐时间越短越好，这表面上是技术问题，但背后其实加入了企业自身的伦理标准。企业自身的伦理标准有别于标准化组织的伦理标准。因此，企业应当探索自身的良好规范，具体包括两个维度：一是不同领域面对的伦理规范不同，包括平台企业、自动驾驶企业、金融企业等；二是对于不同的文化，比如西方文化和东方文化，文化之间的差异性可能会造成伦理规则的不一致。

　　虽然我们可以从不同层面开展伦理标准化，但最终还是需要国家标准、国际标准和相应的技术法规在企业中发挥作用。只有将政策、法律、标准化组织、企业等多维度标准化集合起来对 AI 进行协同治理，才能更高效、更准确地解决 AI 伦理问题。

专题论坛 5

人工智能助力
发展中国家

第 39 讲

人工智能与发展中国家

本森·莫约（Benson Moyo）
南非文达大学讲师

人工智能助力发展中国家是我们对人工智能的期望，也是人工智能应该做到的，但是人工智能在发展中国家尚未真正落地。南非 AI 的发展和南非对 AI 的需求之间出现了脱节，我们虽然看到了 AI 的一些解决方案，但它们是从世界上的其他地方复制过来的。这些解决方案拿到南非之后，解决不了问题，"水土不服"。

AI 对南非来说能够带来什么样的优势？针对这个问题，我们分析了大量多元化的数据，形成了一些见解。

总的来说，AI 涵盖的领域很多，比如数据科学。当谈论 AI 的时候，我们会谈到 AI 时代，也就是 AI 带来的新一轮工业革命。如果以一种后视镜的方式来回看人类在工业革命时做错了什么，就会有很多发现。我们对 AI 也必须有这种眼光，必须确保教育模型、经济模型、社会结构在 AI 的基础上重新调整，与 AI 对接，同时必须确保技术对研究有辅助作用。

我们现在研究的就是 AI 能够给我们带来什么样的优势。大家知道非洲的创新水平一直比较低，但是通过 AI，我们可以发现创新系统有哪些漏洞。我们可以进行数据分析，通过算法来找到一些问题。此外，我们还可以使用设计科学，而设计科学其实就是创新和根据想法进行开发。

创新不仅仅是灵光一闪，政府也在采取措施来支持一些创意，推动初创企业的建立。比如，我们有支持建设 AI 系统的孵化器，还在大学设立了 AI 项目主管这样的职位，这样就能够提高我们对整个 AI 领域的理解和把握。

我们需要理解的是 AI 会对我们产生什么样的影响，以及 AI 会对世界产生什么样的影响。南非约翰内斯堡大学很早就已经在研究这个问题了，并且在想办法帮助学生规划自己的职业生涯，实际上学生未来的职业生涯是不确定的，因为 AI 在改变我们工作的方式和形式，这一点已经成为现实。我们在医疗行业也看到了一些 AI 方面的 App，这些 App 能够发挥一些功能，医疗行业对人力资源的需求会因此而降低。

AI 会带来什么样的挑战呢？首先就是监管框架，AI 给法律带来了挑战。法律能够引导我们应该做什么，不应该做什么，是一些规范性框架。现在的监管框架也需要考虑和 AI 的关系，需要通过监管框架来引导 AI。如果没有这些规范的话，AI 的发展就会受到一定的影响。比如，政治体系就有一定的代表性，要求某一群体必须达到某个数量的定额，这样的系统可能需要非常有能力的 AI 设计师。但是这其实也可能会固化一些差距。所以，我们需要做到的就是弥合这些差距，AI 应该能够帮助我们把发展作为我们生活的一部分，而不是把发展看作外源性的东西，我们需要重新思考对发展的定位。

此外，我们还在实施一些政策，包括个人信息保护方面的政策。这其实既是一件好事，也是一件坏事。比如，当我们需要使用数据来训练 AI 系统的时候，有的数据就可能因为存在数据保护而无法获取。再比如，当我们想要对一个神经网络进行训练的时候，一些信息则可能出于法律或伦理道德的问题而无法获得。在 AI 的发展过程中，如果我们把利益放在第一位的话，就会恶化不平等现象。当然，有 AI 或没有 AI，贫富差距都会永远存在。

我们现在的经济推动模式往往是利益优先，我觉得 AI 可以帮助我们用机器的方式达到一些良善的目的。比如，我们要是太依赖 AI 体系的话，就会造成一些隐患。如果我们开发的系统失控了，怎么办？要是我们开发的系统比人还聪明的话，会出现什么样的情况？个人隐私受到侵犯的话，怎么办？这些都是我们在开发 AI 系统之前就需要思考的问题。

我们需要抓住 AI 创造的机会，但是如果我们做得不好的话，我们就会重新掉进工业革命的陷阱之中。工业革命带来了一些很大的问题，而这些问题困扰了全人类。所以我觉得 AI 的发展也会带来一定的风险，各国的需求不同，这一点是毋庸置疑的。我们南非认为重要的事情，发达国家可能觉得并不重要。在利益不同的时候，如何才能够相互合作呢？我觉得可以加强国际治理体系的建设，我们需要把整个世界看作一个地球村，而不是用相互割裂的方式看待各个国家。

第40讲

个人知识容器：
印度尼西亚和世界的
数据基础设施

顾学雍（Benjamin Koo）
印度尼西亚海洋与投资统筹部长技术顾问

印度尼西亚（后文简称印尼）作为发展中国家，为了在数字素养、人工智能方面实现跨越式发展，开发了一种叫作 PKC（Personal Knowledge Container，个人知识容器）的技术。这种技术不仅可以为个人所用，也能用于国家所有的工作流程，比如政府采购，工业部、财政部、商务部等政府部门也都可以通过 PKC 完成自己的工作，如图 40-1 所示。

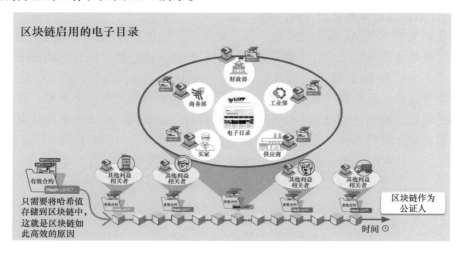

图 40-1　PKC 流程图

PKC 可以在哈希加密算法的基础上使用独特的数字时间戳，以确保数据安全。通过使用这种技术，我们就能够给所有的公民赋权。如果想出版一本书，比如政务科学方面的书，就可以在 NFT（Non-Fungible Token，非同质化通证）上出版。这样每一次出版的变化就都能够得以追踪。另外，通过区块链的方式，我们可以及时地更新出版信息。

AI 不仅对国家的发展有价值，它也可以成为个人信息存储平台，只要有手机或平板计算机，就可以使用 AI。印尼是群岛国家，国民在 17 000 多个岛屿上都可以使用这种分散式的 AI。分散式的数据中心能给印尼提供可靠的数据系统，能够帮助政府部门开展工作。印尼用类似燃气费的方式，收取一定的费用，维护基础设施并为大家服务。

印尼还通过超级链接的方式，进一步地加强数据的传输能力，更好地进行项目管理并制定项目取得成功的标准。所有相关信息都能够进行数据追踪。

从 IPFS（InterPlanetary File System，星际文件系统）到 PKC，再到以服务为导向的数据服务方式，都可以在未来得到良好的使用。印尼的理念就是利用好PKC，这样就可以让每一个人都有一个以时间为基础的数据存储平台。人们在家里就可以完成复杂的工作，可以和世界各地的其他人分享，我们称之为"数据钱包"。

第41讲

斯里兰卡与人工智能

罗汉·萨马拉吉瓦（Rohan Samarajiva）

斯里兰卡 LIRNEasia 智库主席

我们团队从 2012 年就开始研究大数据了，同时我个人也加入了一些从事政策研究的组织，比如亚太经合组织（Asia-Pacific Economic Cooperation，APEC）信息与通信技术（Information and Communications Technology，ICT）工作组。整个南亚地区，包括孟加拉国、印度和斯里兰卡，都是我们的工作范围。因此，我们已经积累了一些经验，包括政策制定方面。

人们喜欢讲机器学习，或者谈论比较狭义的人工智能。但我们谈论的不是一般化的人工智能，因为一般化的人工智能可能更多的是关于未来发展的问题，这些在政府层面上应用得并不多。好在我参与了一个项目，它是谷歌和印度政府合作的一个电子政务项目，下面我向大家介绍一下这个项目的情况以及它和机器学习的关系。

我们对恒河流域洪水的预测非常感兴趣，因为洪水可能带来严重的影响。但我们得到的信息还不够多，我们希望能够得到更多的实时数据。谷歌方法的价值就在于只需要很少的数据，就能够进行机器学习的训练，同时谷歌还有很多水文方面的信息。把这些信息放在一起，再加上可能有的卫星数据，还有河流本身的一些数据，包括河流过去的历史数据，然后对这个系统进行训练，就可以帮助印度和孟加拉国开展洪水预测。

我们希望未来这一系统也能够应用到斯里兰卡，这是一个有非常重要意义的项目。恒河流域在 2016 年的时候就曾经发过一次大洪水。那次洪水造成的损失，可能比大家非常熟悉的印度洋海啸带来的损失还要大。而且恒河流经印度和孟加拉国许多人口稠密的地区以及工厂聚集区，很多人的财产因此遭受严重损失。

所以我们可以得出结论，狭义的人工智能或者说机器学习能够产生重大的影响，这对发展来说具有重大的意义。大家都在讨论这种机器学习能不能复制。那些参与这个项目的人，非常关注这个项目，过去很多数据的获取十分困难，成本也高，不要说研究人员，就连政府也很难获得数据。

现在，机器学习比过去简单多了，我们可以直接使用谷歌的软件来实现机器学习。此外，还有一些企业已经找到了使用人工智能解决问题的方法。

人工智能的发展还有一些限制，既包括商业上的限制，也包括非商业上的限制。具体表现为两个问题，一个是如何获取数据的问题，另一个是人力资源的问题。

首先，我们要花很多时间来梳理数据，特别是政府的数据，并且要做一些数据处理工作。2022 年 4 月，斯里兰卡通过了《个人数据保护法》，斯里兰卡的《个人数据保护法》和欧洲的《通用数据保护条例》（*General Data Protection Regulation*，*GDPR*）很像。其中一些例外的条款可以用在数据相关的科研上，比如我们认为，如果想要预测洪水的话，就需要很多的数据用于分析。但是，如果其他的一些机构想要获取数据的话，就需要得到有关部门的批准。对于实时数据处理来说，我们可能需要使用云服务，但使用云服务也是有一定限制的，包括数据的存储和加工。如果将数据转移到境外，则有可能受到政府的限制。这一规定虽然不一定会影响到我们，但是对其他机构会有影响。

其次，政府部门需要雇用人工智能专业人士，做一些人工智能开发方面的工作。我们自认为可以在一定程度上解决这个问题，像我们这样的非政府组织通常会雇用一些人做全职工作。但这个问题现在面临恶化的情况，斯里兰卡遇到了一些危机，大家可能也听说了，我们面临着史无前例的经济危机，通货膨胀率达到 60%，我们 2022 年的经济大概萎缩了 7.2%，2023 年更糟糕。这些软件工程师可以在其他国家找到工作，甚至可以在斯里兰卡居住，然后远程办公。

斯里兰卡在 2022 年春季爆发了经济危机，但是我们对未来还是有信心的。斯里兰卡是一个规模比较小的经济体，我们可以将比较狭义的人工智能、机器学习运用到上述领域以及其他领域，我对此充满信心。

第 42 讲

AI 如何助力发展中国家：
印度的视角

斯瓦兰·辛格（Swaran Singh）

印度尼赫鲁大学国际关系学院教授、加拿大不列颠哥伦比亚大学访问教授

印度正在考虑的是如何利用 AI 缩小贫富差距以及国家之间的差距。印度和 AI 的关系可以从技术以及国际合作两个角度来看，因为我们把 AI 看作和其他国家开展合作的一条途径，希望能够实现面向未来的跨越式发展。

2022 年 11 月，印度在日本东京举行的会议上被选举为全球人工智能伙伴关系主席国。这是一个全球性的倡议，旨在支持负责任 AI 和以人为本的 AI 的发展，上一任主席国是法国。在这次投票中，印度获得三分之二的票数，票数排名第二的是加拿大，第三是美国。这些国家都是发达国家，印度希望其他的国家也能够加入。

这样的一个平台可以为印度带来更大的信誉和信任，使得印度能够参与联合的研究和技术转让，同时也能够进一步加强印度作为有道德和公平地使用技术的倡导者的可信度，促进印度使用技术改善人民的生活。

中国强调人和自然的关系，印度持有同样的观点。印度也认识到 AI 是全球市场，2021 年的市场规模已经达到 600 亿美元，预计到 2028 年就能达到 4500 亿美元，这对所有国家来说都是很好的机会。

在新冠疫情期间，印度大量地使用了 AI，AI 可以给我们提供强大的分析能力，帮助我们做出预测，优化国家的资源投入。AI 还能够提高我们的效率、信任，减少决策过程的成本。我们还看到了 AI 在帮助初创企业方面发挥的作用，特别是在公共卫生和教育领域。我们相信，AI 必将能够改善 14 亿印度人民的生活。

《福布斯》杂志在一项调查中指出，全球人工智能初创公司已经从 14 家发

展到 2000 多家。可见在过去的 20 多年里，人工智能的发展速度非常快，特别是在安全系统、数据分析等方面。但现在人工智能的市场规模还是比较小的，2020年是 30 亿美元，预计到 2025 年将会达到 80 亿美元，保持大约 22% 的年增长速度。印度的目标是使人工智能主流化，让它在大规模的工作中也能够运用，包括提高互联网的渗透率和促进数字基础设施的建设。

2022～2023 年，印度不仅是上合组织的轮值主席国，也是二十国集团的轮值主席国。在担任主席国期间，印度将非常关注发展中国家的数字转型，并努力弥合穷国和富国、穷人和富人之间的差距。所以印度采取的方式，就是抓住各种机会和其他国家加强协调，尤其是和其他的新兴市场加强协调。中印两国是世界上人口最多的两个国家，也是全球第二大和第五大经济体，中印两国应该考虑在人工智能方面开展合作，这也能够促进两国的关系。

人工智能合作与治理
国际论坛简介

  人工智能合作与治理国际论坛是清华大学主办的全球性国际治理峰会，意在全球范围内对人工智能治理议题进行深化交流，成为各国、各地区致力于人工智能治理领域的学界、产业界人士进行理念交流、协同合作的平台。人工智能合作与治理国际论坛自 2020 年起已连续 3 年成功举办，受到国内外各界的普遍关注与认可。

  2020 年 12 月 18 ~ 19 日，首届人工智能合作与治理国际论坛在清华大学举办，会议邀请了来自国际组织、政府、高校、研究机构、企业等 60 多家机构的 70 多位嘉宾，包括第十二届全国政协副主席王钦敏、时任清华大学校长（现党委书记）邱勇、时任联合国副秘书长法布里齐奥·霍克希尔德、联合国开发计划署驻华代表白雅婷、时任国际电信联盟秘书长赵厚麟等。论坛以"后疫情时代的人工智能国际合作与治理"为主题，下设多个分论坛。会议成果《2020 年清华大学人工智能合作与治理国际论坛白皮书（中英双语）》呈外交部、科技部和工信部，主要内容在 2021 年 G20 峰会期间发布。

  2021 年 12 月 4 ~ 5 日，第二届人工智能合作与治理国际论坛如期召开。联合国开发计划署延续首届的合作，成为第二届论坛的国际支持机构；慕尼黑工业大学人工智能伦理研究所、剑桥大学未来智能研究中心、人道主义对话中心等 15 家享有盛誉的国际性机构协办。论坛以"如何构建一个平衡包容的人工智能治理体系"为主题，第十三届全国政协副主席汪永清、时任科技部副部长李萌、工信部副部长徐晓兰、外交部军控司副司长马升琨、时任清华大学校长（现党委书记）邱勇、联合国助理秘书长玛丽亚－弗朗切斯卡·斯帕托利萨诺、联合国开发计划署驻华代表白雅婷等嘉宾致开幕辞。第二届论坛共有 3 个主论坛、7 个专题论坛、1 个青年论坛，吸引了 20 多个国家和地区的 100 余名专家学者、国际组织代表和企业代表出席。

  2022 年 12 月 9 ~ 10 日，第三届人工智能合作与治理国际论坛在线上召开。第三届论坛增强了与联合国等国际组织的联系，得到联合国机构的高度重视，国际支持机构继前两届的联合国开发计划署外，还包括联合国教科文组织、联合国妇女署、国际劳工组织，增强了论坛的国际影响力和公信度，为国内外交流、全球认知共建铺设了和平、友好、互信的舞台。论坛以"人工智能引领韧性治理与未来科技"为主题，探讨适合人工智能健康发展的治理体系，分享人工智能前沿技术与治理经验，推动元宇宙赋能实体经济，助力构建更加包容、更具韧性、更可持续的人工智能发展模式。

第三届论坛更关注人工智能的全球化发展，以及人工智能治理的国际化差异与共性。第三届论坛下设的子论坛主题包括：人工智能引领韧性治理与未来科技、人工智能治理技术、元宇宙助力高质量发展与可持续未来、人工智能产业发展与治理、人工智能及其对未来工作的影响、正视人工智能引发的性别歧视、人工智能伦理标准、人工智能助力发展中国家。第三届论坛分享了各个国家和地区，以及政、产、学、研各界在人工智能治理方面的最佳实践，致力于推进人工智能为科研创新和产业发展注入新动能、释放新活力，进而推动更加包容普惠、更有韧性、更可持续的人工智能全球化发展，以增进全人类共同福祉，助力构建人类命运共同体。

第三届论坛邀请了时任科技部副部长李萌、工信部副部长徐晓兰、外交部军控司副司长马升琨、时任联合国助理秘书长（现联合国副秘书长）徐浩良、联合国驻华协调员常启德、联合国开发计划署驻华代表白雅婷、联合国教科文组织驻华代表夏泽翰等出席。来自中国、美国、英国、德国、智利、印度尼西亚等 20 多个国家和地区的百余名专家学者、国际组织代表和企业代表出席论坛，形成了一系列重要观点与共识，受到国内外各界普遍关注与认可。海内外 40 余家媒体参与报道宣传，推出新闻报道百余篇，直播环节收看人次累计超 700 万。

清华大学人工智能国际治理研究院简介

清华大学人工智能国际治理研究院成立于 2020 年 4 月，由知名科技政策专家、清华大学文科资深教授薛澜担任院长，图灵奖得主、中国科学院院士姚期智担任学术委员会主席，拥有一支由知名专家学者、中青年学术骨干和业界资深人士组成的专 / 兼职研究队伍。研究院依托清华大学在人工智能与国际治理方面的已有积累和跨学科优势，面向人工智能国际治理方面的重大理论问题及政策需求开展研究，致力于开拓我国在人工智能治理领域的全球学术影响力，为中国积极参与人工智能国际治理提供智力支撑。

自成立以来，研究院承担了国家科技创新 2030 重大项目、科技部科技创新战略研究专项等一系列重大项目，发布了一系列研究报告和政策建议，在人工智能治理的基本框架与范式、重点领域人工智能伦理风险及对策、人工智能对产业变革及劳动力就业的影响、人工智能的行业规制与法律需求、人工智能对公共治理的综合影响等研究领域形成了一批具有深刻洞见与战略远见的研究成果。

研究院积极拓展了一系列社会服务与合作活动，推动人工智能实现负责任的发展。由研究院承办、清华大学主办的人工智能合作与治理国际论坛已成为国际人工智能治理领域的重要会议，每年举办的 AI 促进可持续发展青年创造营吸引了来自世界各地的青年学子，推出的人工智能治理大讲堂、AI 治理对话录、《人工智能国际治理观察》网络专栏和人工智能热点话题在线直播等引发了社会各界的广泛关注。同时，研究院已与慕尼黑工业大学、剑桥大学、卡内基梅隆大学等国外高校，联合国开发计划署、联合国教科文组织、国际电信联盟、世界工程组织联合会等国际组织，以及国内人工智能产业界建立了密切交流与合作。

人工智能合作与治理国际论坛网址：https://www.tsinghuaaiforum.org。

清华大学人工智能国际治理研究院网址：https://aiig.tsinghua.edu.cn。